システム設計の面接試験

面接試験

SYSTEM
DESIGN
INTERVIEW

アレックス・シュウ

ソシム

はじめに

　システム設計の面接試験の学習に参加いただき、ありがとうございます。システム設計の面接試験は、技術面接の中でも最も難易度の高い取り組みです。ニュースフィード、Google 検索、チャットシステムなど、あるソフトウェアシステムのアーキテクチャ設計が要求されるからです。これらの質問には、従うべき一定のパターンがありません。質問は通常、非常に範囲が広く、漠然としています。プロセスに制約がなく、標準的な正解がなく不明瞭なのです。

　コミュニケーション能力や問題解決能力が問われるシステム設計の面接試験は、ソフトウェアエンジニアの日常業務に近いことから、多くの企業で採用されています。面接では、漠然とした問題を分析し、段階的に解決していくことが評価されます。また、アイデアを説明し、他者と議論し、システムを評価・最適化していく能力も問われるでしょう。英語では、"he or she " よりも "she " を使う方が文章の流れがよく、また両者を飛び交うこともあります。本書では、読みやすさのために女性代名詞を使用します。もちろん、男性エンジニアを軽んじる意図はありません。

　システム設計の設問形式は自由です。現実世界と同じように、システムにはさまざまな違いやバリエーションがあります。システム設計の目標を達成するためのアーキテクチャを考え出すことが望ましい最終的な成果でしょう。面接官によっては、議論が様々な方向に進む可能性があります。ある面接官はすべての側面をカバーする高度なアーキテクチャを選択するかもしれませんし、ある面接官は1つまたは複数の領域を選択して焦点を当てるかもしれません。一般に面接官と候補者の双方向性を形成する上では、システムの要件、制約、ボトルネックをよく理解しなくてはなりません。

　本書の目的は、システム設計の面接試験にアプローチするための確実な戦略を提供することです。面接を成功させるには、正しい戦略と知識が不可欠なのです。

　本書は、スケーラブルなシステムを構築するための確かな知識を提供します。本書を読んで知識を得れば得るほど、システム設計の問題を解く上で有利になるでしょう。

　また本書は、システム設計の質問にどのように取り組むかについて、ステップ・バイ・ステップのフレームワークを提供します。つねに練習を重ねることで、システム設計の面接問題に取り組むための十分な準備ができるでしょう。

Contents

はじめに 003

1 章 ユーザ数ゼロから数百万人への スケールアップ　010

単一サーバのセットアップ 010

データベース 012

　どちらのデータベースを使うのか 013

垂直スケーリングと水平スケーリング 014

ロードバランサ 015

データベースレプリケーション 016

キャッシュ 020

　キャッシュ層　　　　　　020　　キャッシュを使用する際の注意点 021

コンテンツデリバリーネットワーク（CDN） 023

　CDNを利用する際の注意点 025

ステートレスWeb層 026

　ステートフルアーキテクチャ ..... 027　　ステートレスアーキテクチャ 028

データセンター 030

メッセージキュー 033

ログ取得、定量化、自動化 034

　メッセージキューと各種ツールの追加 035

データベースのスケーリング 037

　垂直スケーリング .... 037　　水平スケーリング 037

数百万のユーザーとそれ以上 041

　参考文献 043

2 章 おおまかな見積もり　044

2のべき乗 044

プログラマが知っておくべきレイテンシの数値 045

可用性の数値 047

例：TwitterのQPSと必要なストレージの見積もり 048

ヒント 049

　参考文献 049

3 章 システム設計の面接試験の フレームワーク　050

優れたシステム設計の面接試験の4ステップ ·· 051
ステップ1：問題を理解し、設計範囲を明確にする ··· 051
ステップ2：高度な設計を提案し、賛同を得る ··· 053
ステップ3：設計の深堀り　056　　ステップ4：まとめ ··· 059
各ステップの時間配分 ··· 061

4 章 レートリミッターの設計　062

ステップ1：問題を理解し、設計範囲を明確にする ··· 063
必要条件 ··· 064

ステップ2：高度な設計を提案し、賛同を得る ··· 064
レートリミッターはどこに置くのか ······· 064　　レートリミッターのアルゴリズム ········· 067
高度なアーキテクチャ ······· 078

ステップ3：設計の深堀り ·· 079
レート制限ルール ······················· 079　　レート制限の超過 ································· 081
詳細設計 ································· 081　　分散環境におけるレートリミッター ········· 083
性能の最適化 ··························· 085　　モニタリング ·· 086

ステップ4：まとめ ··· 087
参考文献 ··· 089

5 章 コンシステントハッシュの設計　090

再ハッシュ問題 ·· 090
コンシステントハッシュ ··· 092
ハッシュ空間とハッシュリング ········· 092　　ハッシュサーバ ··································· 093
ハッシュキー ··························· 094　　サーバの探索 ·· 095
サーバの追加 ··························· 095　　サーバの削除 ·· 096
基本的なアプローチにおける2つの問題点 ··· 097　　仮想ノード ·· 098
影響を受けるキーの探索 ··········· 100

まとめ ·· 101
参考文献 ··· 103

6 章 キーバリューストアの設計

ステップ1:問題を理解し、設計範囲を明確にする ……………………………105
単一サーバのキーバリューストア ……………………………………………105
分散型キーバリューストア ………………………………………………………106

CAP定理 106　理想的な状況 107
実世界の分散システム 108　システム構成要素 109
データの分割 110　データの複製 111
一貫性 112　不整合の解消:バージョン管理 114
障害対応 118　システム構成図 124
書込みパス 125　読込みパス 126

ステップ4:まとめ ……………………………………………………………127
参考文献 ……………………………………………………………………129

7 章 分散システムにおける ユニーク ID ジェネレータの設計

ステップ1:問題を理解し、設計範囲を明確にする ……………………………130
ステップ2:高度な設計を提案し、賛同を得る …………………………………131

マルチマスターレプリケーション 132　UUID 132
チケットサーバ 134　Twitterによるsnowflakeアプローチ 135

ステップ3:設計の深堀り ………………………………………………………136
タイムスタンプ 136　シーケンス番号 137

ステップ4:まとめ ……………………………………………………………138
参考文献 ……………………………………………………………………139

8 章 URL 短縮サービスの設計

ステップ1:問題を理解し、設計範囲を明確にする ……………………………140
おおまかな見積もり ………………………………………………………141

ステップ2:高度な設計を提案し、賛同を得る …………………………………141
APIエンドポイント 141　URLリダイレクト 142
URLの短縮 144

ステップ3:設計の深堀り ………………………………………………………145
データモデル 145　ハッシュ関数 146
URL短縮の深堀り 150　URLリダイレクトの深堀り 152

ステップ4：まとめ ·· 153
　参考文献 ··· 155

9 章　Web クローラの設計　　156

ステップ1：問題を理解し、設計範囲を明確にする ··························· 157
　おおまかな見積もり ·· 159

ステップ2：高度な設計を提案し、賛同を得る ································· 160
　シードURL ························· 161　　URLフロンティア ················· 161
　HTMLダウンローダ ············ 161　　DNSリゾルバ ························· 161
　コンテンツパーサ ··············· 162　　コンテンツが見られたか ········· 162
　コンテンツストレージ ·········· 162　　URL抽出器 ··························· 163
　URLフィルタ ····················· 164　　URLが見られたか ················· 164
　URLストレージ ·················· 164　　Webクローラのワークフロー ···· 164

ステップ3：設計の深堀り ··· 166
　DFSとBFSの比較 ··············· 166　　URLフロンティア ················· 168
　HTMLダウンローダ ············ 172　　堅牢性 ································· 175
　拡張性 ····························· 175　　問題のあるコンテンツの検出と回避 ··· 176

ステップ4：まとめ ··· 177
　参考文献 ··· 179

10 章　通知システムの設計　　180

ステップ1：問題を理解し、設計範囲を明確にする ···························· 181
ステップ2：高度な設計を提案し、賛同を得る ································· 181
　さまざまな種類の通知 ·········· 182　　連絡先情報の収集フロー ········· 185
　通知送受信のフロー ············ 186

ステップ3：設計の深堀り ··· 191
　信頼性 ····························· 192　　追加コンポーネントと考慮事項 ··· 193
　設計の更新 ······················· 196

ステップ4：まとめ ··· 197
　参考文献 ··· 198

11 章　ニュースフィードシステムの設計　　200

ステップ1：問題を理解し、設計範囲を明確にする ···························· 201
ステップ2：高度な設計を提案し、賛同を得る ································· 202

ニュースフィードのAPI ……… 202　　フィードの公開 ……………… 203
ニュースフィードの構築 ……… 204

ステップ3：設計の深堀り ……………………………………………… 205
フィード公開の深堀り ……… 205　　ニュースフィード取得の深堀り … 210
キャッシュのアーキテクチャ … 211

ステップ4：まとめ ……………………………………………………… 212
参考文献 ……………………………………………………………… 213

12章　チャットシステムの設計　214

ステップ1：問題を理解し、設計範囲を明確にする ………………… 214
ステップ2：高度な設計を提案し、賛同を得る …………………… 216
ポーリング ………………… 218　　ロングポーリング ………… 219
WebSocket ………………… 220　　高度な設計 ………………… 221
データモデル ……………… 227

ステップ3：設計の深堀り ……………………………………………… 229
サービスディスカバリー …… 229　　メッセージフロー ………… 230
オンラインのプレゼンス …… 235

ステップ4：まとめ ……………………………………………………… 239
参考文献 ……………………………………………………………… 241

13章　検索オートコンプリートシステムの設計　242

ステップ1：問題を理解し、設計範囲を明確にする ………………… 243
要求事項 …………………… 243　　おおまかな見積もり ……… 244

ステップ2：高度な設計を提案し、賛同を得る …………………… 245
データ収集サービス ……… 245　　クエリサービス …………… 246

ステップ3：設計の深堀り ……………………………………………… 247
トライデータ構造 ………… 248　　データ収集サービス ……… 253
クエリサービス …………… 256　　トライの操作 ……………… 259
ストレージをスケーリングする … 261

ステップ4：まとめ ……………………………………………………… 262
参考文献 ……………………………………………………………… 263

14章 YouTube の設計　264

ステップ1:問題を理解し、設計範囲を明確にする ································ 265
おおまかな見積もり ·· 266

ステップ2:高度な設計を提案し、賛同を得る ································ 268
動画アップロードの流れ ························· 269　動画ストリーミングの流れ ········· 274

ステップ3:設計の深堀り ··· 276
動画のトランスコーディング ················· 276　有向非巡回グラフモデル ············· 277
動画トランスコーディングのアーキテクチャ ··· 279　システムの最適化 ··················· 286
エラー処理 ··· 292

ステップ4:まとめ ··· 293
参考文献 ·· 295

15章 Google ドライブの設計　296

ステップ1:問題を理解し、設計範囲を明確にする ································ 297
おおまかな見積もり ·· 299

ステップ2:高度な設計を提案し、賛同を得る ································ 299
API ·· 300　単一サーバからの移行 ··············· 302
同期の競合 ··· 305　高度な設計 ······························· 307

ステップ3:設計の深堀り ··· 309
ブロックサーバ ······································· 309　高い一貫性の要求 ····················· 310
メタデータデータベース ·························· 312　アップロードの流れ ··················· 313
ダウンロードの流れ ································· 314　通知サービス ···························· 316
ストレージ容量の節約 ····························· 317　障害の処理 ······························· 318

ステップ4:まとめ ··· 319
参考文献 ·· 321

16章 学習は続く　322

現実世界のシステム ··· 322
企業のエンジニアブログ ··· 324

おわりに ··· 326

1章 ユーザー数ゼロから数百万人へのスケールアップ

　何百万人ものユーザーをサポートするシステムの設計は困難であり、それには継続的な改良と終わりのない改善が必要です。この章では、1人のユーザーをサポートするシステムを構築し、それを徐々にスケールアップして、何百万人ものユーザーにサービスを提供することを目指します。この章を読めば、システム設計の面接試験における質問を突破するためのテクニックを身に付くでしょう。

単一サーバのセットアップ

「千里の道も一歩から」と言いますが、複雑なシステムの構築も同様です。
図1-1は、Webアプリケーション、データベース、キャッシュなどのすべて

図 1-1

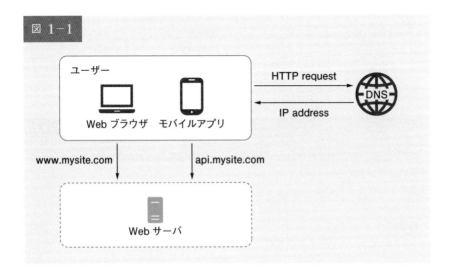

が1つのサーバ上で動作する単一サーバの設定を図解したものです。

　この設定を理解する上では、リクエストの流れとトラフィックのソースを調査するのが有効です。まずは、リクエストの流れを見てみましょう（図1-2）。

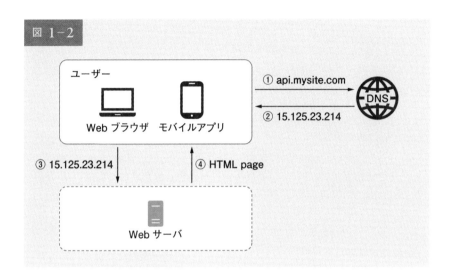

図 1-2

1. ユーザーは api.mysite.com のようなドメイン名で Web サイトにアクセスする。通常、DNS（Domain Name System）はサードパーティが提供する有料のサービスであり、自社サーバがホストしているわけではない
2. インターネットプロトコル（IP）アドレスがブラウザまたはモバイルアプリに返される。この例では、IP アドレス15.125.23.214が返される
3. IP アドレスを取得すると、HTTP（Hypertext Transfer Protocol）[1] リクエストが直接 Web サーバに送信される
4. Web サーバは、レンダリング用の HTML ページまたは JSON レスポンスを返す

　次に、トラフィックソースを調べましょう。Web サーバへのトラフィックは、Web アプリケーションとモバイルアプリケーションという2つのソースからやってきます。

- **Webアプリケーション**：ビジネスロジックやストレージなどを扱うサーバサイドの言語（Java、Pythonなど）と、プレゼンテーションを担うクライアントサイドの言語（HTML、JavaScript）を組み合わせて使用する
- **モバイルアプリケーション**：HTTPは、モバイルアプリケーションとWebサーバ間の通信プロトコルである。データ転送のAPIレスポンス形式としては、その簡便さからJSON（JavaScript Object Notation）が一般に使用される。以下に、JSON形式のAPIレスポンスの例を示す

GET /users/12 – Retrieve user object for id = 12

```
{
    "id": 12,
    "firstName": "John",
    "lastName": "Smith",
    "address":{
      "streetAddress": "21 2nd Street",
      "city": "New York",
      "state": "NY",
      "postalCode": 10021
    },
    "phoneNumbers": [
      "212 555-1234",
      "646 555-4567"
    [
}
```

データベース

　ユーザー数の増加に伴い、1台のサーバでは足りなくなり、Web/モバイルトラフィック用とデータベース用の複数サーバが必要になりました（図

1-3)。Web/モバイルトラフィック用サーバ（Web層）とデータベース用サーバ（データ層）の分離により、それぞれ別々に拡張することが可能になります。

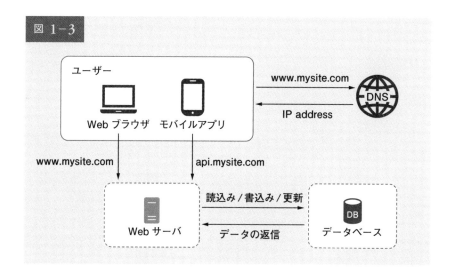

図 1-3

どちらのデータベースを使うのか

　データベースは、従来のリレーショナルデータベースと非リレーショナルデータベースから選べます。それぞれの違いを見ていきましょう。

　リレーショナルデータベースは、リレーショナルデータベース管理システム（RDBMS）またはSQLデータベースとも呼ばれ、代表的なものとして、MySQL、Oracle DB、PostgreSQLなどがあります。リレーショナルデータベースは、データを表と行の形で保存します。SQLを使用して、異なるデータベースのテーブル間で結合操作を行うことができます。

　非リレーショナルデータベースは、NoSQLデータベースとも呼ばれ、人気があるものとして、CouchDB、Neo4j、Cassandra、HBase、Amazon DynamoDBなど [2] があります。これらのデータベースは、キーバリューストア、グラフストア、カラムストア、ドキュメントストアという4つのカテゴリに分類されます。一般に、非リレーショナルデータベースではジョイン

操作がサポートされていません。

　リレーショナルデータベースには40年以上の歴史があり、歴史的に見ても
うまく機能しているため、ほとんどの開発者にとって最適な選択肢です。し
かし、リレーショナルデータベースが特定のユースケースに適していない場
合、リレーショナルデータベース以外の選択肢を模索することも重要です。
非リレーショナルデータベースは、以下のような場合に適しているかもしれ
ません。

- アプリケーションに超低遅延が必要な場合
- 非構造化データを扱う場合、あるいはリレーショナルデータがない場合
- データのシリアライズとデシリアライズだけが必要な場合（JSON、
  XML、YAML など）
- 大量データの保存が必要な場合

垂直スケーリングと水平スケーリング

　垂直スケーリングは、「スケールアップ」と呼ばれ、サーバのパワー（CPU、
RAM など）を追加する作業を意味します。水平スケーリングは「スケール
アウト」と呼ばれ、リソースのプールにさらにサーバを追加することでス
ケールを可能にします。

　トラフィックが少ない場合、垂直方向のスケールは素晴らしいオプション
であり、そのシンプルさは主な利点です。しかし残念ながら、これには以下
のような重大な制約があります。

- 垂直スケーリングにはハードウェアとしての限界がある。1台のサーバに
  無制限にCPU とメモリを追加することは不可能である
- 垂直スケーリングには、フェイルオーバーや冗長性がない。1台のサーバ
  がダウンすると、Web サイトやアプリケーションも一緒に完全にダウン
  してしまう

　垂直スケーリングには限界があるため、大規模なアプリケーションには水平スケーリングがより望ましいでしょう。

　前の設計では、ユーザーは Web サーバに直接接続されており、Web サーバがオフラインになると、ユーザーは Web サイトにアクセスできなくなります。また、多くのユーザーが同時にアクセスし、Web サーバの負荷制限に達すると、一般にレスポンスが遅くなるか、サーバへの接続に失敗することになります。このような問題を解決する上で、ロードバランサは最適な技術なのです。

ロードバランサ

　ロードバランサは、受信したトラフィックをロードバランサ・セットで定義された Web サーバに均等に分散させます。図1-4は、ロードバランサの仕組みを示しています。

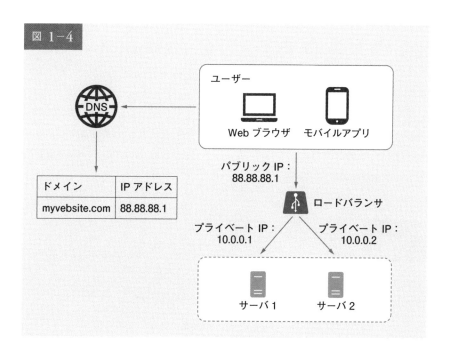

図 1-4

図1-4に示すように、ユーザーはロードバランサのパブリックIPに直接接続します。この設定により、Webサーバにはクライアントから直接アクセスできなくなります。セキュリティ向上のため、サーバ間の通信にはプライベートIPを使用します。プライベートIPとは、同じネットワーク内にあるサーバ間しかアクセスできないIPアドレスであり、インターネットからはアクセスできません。ロードバランサはプライベートIPを通じてWebサーバと通信します。

図1-4では、ロードバランサと2台目のWebサーバを追加した結果、フェイルオーバーの問題を解決し、Web層の可用性を向上させることに成功しました。詳細は以下の通りです。

- サーバ1がオフラインになった場合、すべてのトラフィックはサーバ2にルーティングされる。これにより、Webサイトがオフラインになることを防げる。また、サーバプールに新たに健全なWebサーバを追加することで、負荷分散を図る
- Webサイトのトラフィックが急増し、2台のサーバでは処理しきれない場合、ロードバランサはこの問題を円滑に処理できる。Webサーバプールにさらにサーバを追加するだけで、ロードバランサは自動的にそれらのサーバにリクエストを送信し始めるのだ

さて、Web層はいいとして、データ層はどうでしょう。現在の設計ではデータベースが1つなので、フェイルオーバーや冗長性はサポートしていません。データベースのレプリケーションは、こうした問題に対処する一般的な手法です。それでは見ていきましょう。

データベースレプリケーション

「データベースレプリケーションは、多くのデータベース管理システムで使用されており、通常、オリジナル（マスター）とコピー（スレーブ）とはマスター／スレーブの関係にある」[3]（Wikipediaから引用）

　マスターデータベースは一般に、書込み操作のみをサポートします。スレーブデータベースは、マスターデータベースからデータのコピーを取得し、読込み操作のみをサポートします。挿入、削除、更新などのデータ修正コマンドはすべてマスターデータベースに送らなければなりません。ほとんどのアプリケーションでは、読込みと書込みの比率が非常に高いため、システム内のスレーブデータベースの数は、通常マスターデータベースの数より多くなります。図1-5は、マスターデータベースと複数のスレーブデータベースを組み合わせたものです。

図 1-5

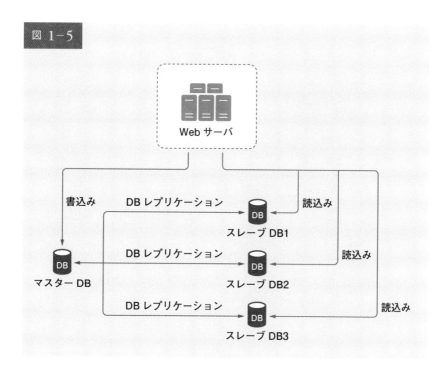

データベースレプリケーションの利点

‣ **パフォーマンスの向上**：マスター / スレーブ構成では、書き込みと更新はすべてマスターノードで行われ、読み込み操作はスレーブノードで分散して行われる。このモデルでは、より多くのクエリを並列処理できるため、パフォーマンスが向上する

- **信頼性**：台風や地震などの自然災害でデータベースサーバが破壊されても、データは保全される。また、データは複数個所に分散して複製されるため、データの損失を心配する必要はない
- **高い可用性**：データを複数の場所に複製することで、データベースがオフラインになっても、別のデータベースサーバに保存されているデータにアクセスできるため、Webサイトの運用を継続できる

　前項では、ロードバランサがシステムの可用性を向上させるのに役立つことを説明しました。ここで同じ質問をします。データベースの1つがオフラインになった場合、どうなるでしょう。図1-5で説明したアーキテクチャ設計は、こうしたケースにも対応できるのです。

- スレーブデータベースが1つしかなく、それがオフラインになった場合、読み取り操作は一時的にマスターデータベースに誘導される。問題が見つかり次第、新しいスレーブデータベースが古いデータベースを置き換える。複数のスレーブデータベースが利用可能な場合、読み取り操作は他の健全なスレーブデータベースへリダイレクトされる。新しいデータベースサーバが古いサーバを置き換えることになるのだ
- マスターデータベースがオフラインになった場合、スレーブデータベースが新しいマスターになるように設定される。すべてのデータベース操作は、一時的に新しいマスターデータベース上で実行される。新しいスレーブデータベースは、データレプリケーションのために古いデータベースを即座に置き換える。本番システムでは、スレーブデータベースのデータが最新でない可能性があるため、新しいマスターを昇格させるのはより複雑である。この場合、データ復旧スクリプトを実行し、不足するデータを更新する必要がある。マルチマスターや循環レプリケーションといった他のレプリケーション方法もあるが、これらの設定はより複雑であり、本書の範囲を超えている。興味のある方は、参考文献［4］［5］を参照いただきたい

　図1-6は、ロードバランサとデータベースレプリケーションを追加した後

のシステム設計を示しています。

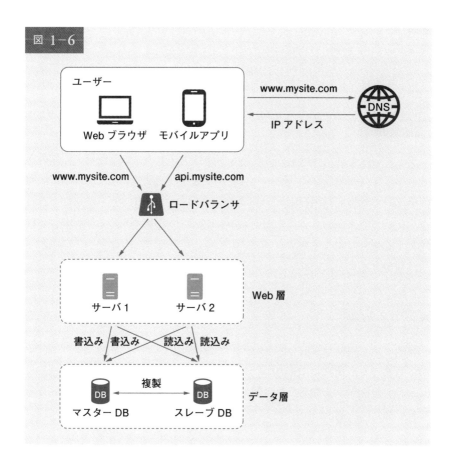

図 1-6

この設計を見てみましょう。

- ユーザーは DNS からロードバランサの IP アドレスを取得する
- ユーザーはこの IP アドレスでロードバランサに接続する
- HTTP リクエストはサーバ1かサーバ2のどちらかにルーティングされる
- Web サーバはスレーブデータベースからユーザーデータを読み込む
- Web サーバはデータの変更操作をマスターデータベースに転送する。これには、書込み、更新、および削除の操作が含まれる

さて、Web 層とデータ層についてしっかり理解したところで、次はロード / レスポンスタイムを改善する番です。これは、キャッシュ層を追加し、静的コンテンツ（JavaScript/CSS/ 画像 / 動画ファイル）をコンテンツ配信ネットワーク（CDN）に移行することで可能になります。

キャッシュ

キャッシュとは、高いレスポンスや頻繁にアクセスされるデータの結果をメモリに保存し、後続のリクエストをより迅速に処理されるようにする一時的な記憶領域です。図1-6に示したように、新しい Web ページがロードされるたびにデータを掴まえるため、1つ以上のデータベースコールが実行されます。データベースを繰り返し呼び出すと、アプリケーションの性能に大きな影響を与えます。キャッシュはこの問題を軽減できます。

キャッシュ層

キャッシュ層は一時的なデータストア層であり、データベースよりもはるかに高速です。独立したキャッシュ層を持つことの利点は、システム性能の向上、データベース作業負荷の軽減、キャッシュ層を単独で拡張できることです。図1-7に、キャッシュサーバの設定例を示します。

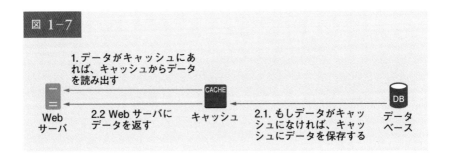

図 1-7

1. データがキャッシュにあれば、キャッシュからデータを読み出す

2.2 Web サーバにデータを返す

2.1. もしデータがキャッシュになければ、キャッシュにデータを保存する

Web サーバ　キャッシュ　データベース

Web サーバはリクエストを受け取ると、まずキャッシュに利用可能なレ

スポンスがあるかを確認します。もしあれば、クライアントにデータを送り返します。レスポンスがない場合は、データベースに問い合わせ、レスポンスをキャッシュに保存し、クライアントに送り返すのです。このキャッシュ方式はリードスルーキャッシュと呼ばれます。データの種類、サイズ、アクセスパターンに応じて、他のキャッシング戦略も利用可能です。以前の研究では、異なるキャッシング戦略がどのように機能するかを説明しています[6]。

ほとんどのキャッシュサーバは、一般的なプログラミング言語用の API を提供しているため、キャッシュサーバとのやりとりは簡単です。次のコード例は、典型的な Memcached API を示しています。

```
SECONDS = 1
cache.set('myKey', 'hi there', 3600 * SECONDS)
cache.get('myKey')
```

キャッシュを使用する際の注意点

以下は、キャッシュシステムを使用する際の注意点です。

‣ **キャッシュを使用するタイミングの決定**：データの読み取り頻度が高く、変更頻度が低い場合にはキャッシュの使用を検討する。キャッシュされたデータは揮発性メモリに保存されるため、キャッシュサーバはデータの永続化には不向きである。例えば、キャッシュサーバが再起動すると、メモリ内のデータはすべて失われる。したがって、重要なデータは永続的なデータストアに保存する必要がある

‣ **有効期限ポリシー**：有効期限ポリシーを実装するのは良い方法である。キャッシュされたデータの有効期限が切れると、そのデータはキャッシュから削除される。有効期限ポリシーがないと、キャッシュされたデータは永久にメモリに保存される。有効期限を短くし過ぎると、システムがデータベースからデータを頻繁に再読み込みすることになるので、有効期限を短くしないことが推奨される。一方、有効期限を長くし過ぎると、データ

が古くなる可能性があるため、有効期限は長くしないことが望ましい

▸ **一貫性**：データストアとキャッシュを同期させること。データストアとキャッシュのデータ変更操作が単一のトランザクションでないため、不整合が発生することがある。複数の地域にまたがって拡張する場合、データストアとキャッシュの間の一貫性を維持するのは困難である。詳細については、Facebook が発表した「Facebook における Memchache のスケーリング（Scaling Memcache at Facebook）」というタイトルの論文を参照いただきたい[7]

▸ **障害の軽減**：単一のキャッシュサーバは、潜在的な単一障害点（SPOF）を意味し、Wikipedia では次のように定義されている。「単一障害点（SPOF）とは、システムの一部で、それが故障するとシステム全体の動作が停止してしまう箇所である」[8]。そこで SPOF を回避するため、異なるデータセンターで複数のキャッシュサーバを使用することが推奨される。もう1つの推奨すべきアプローチは、必要なメモリを一定の割合で過剰にプロビジョニングすることである。これは、メモリ使用量の増加に伴うバッファを提供する

図 1-8

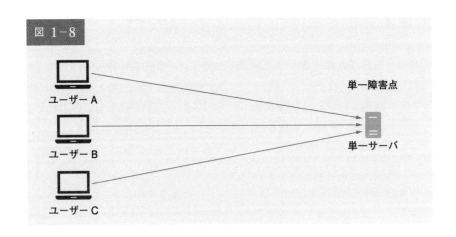

ユーザー A
ユーザー B
ユーザー C

単一障害点
単一サーバ

▸ **消去ポリシー**：キャッシュが一杯になり、キャッシュにアイテムを追加するリクエストがあると、既存アイテムが削除される可能性がある。これはキャッシュのエビクションと呼ばれる。LRU (Least-recently-used) は最も

一般的なキャッシュ消去ポリシーである。このほか、LFU（Least Frequently Used）や FIFO（First in First Out）など、さまざまなユースケースに応じた消去ポリシーが採用されている

コンテンツデリバリーネットワーク（CDN）

CDN は、地理的に分散したサーバのネットワークであり、静的コンテンツを配信するために使用されます。CDN サーバは、画像、動画、CSS、JavaScript ファイルなどの静的コンテンツをキャッシュします。

動的コンテンツのキャッシュは比較的新しい概念で、本書の範囲外ですが、リクエストパス、クエリ文字列、クッキー、リクエストヘッダに基づいて、HTML ページのキャッシュを可能にします。これについては、参考文献［9］で紹介した記事を参照ください。本書では、CDN を利用して静的コンテンツをキャッシュする方法を中心に解説します。

ここで、CDN の仕組みをざっくりと説明しましょう。ユーザーが Web サイトにアクセスすると、そのユーザーに最も近い CDN サーバが静的コンテンツを配信します。直感的には、ユーザーが CDN サーバから離れれば離れるほど、Web サイトの読み込みは遅くなります。例えば、CDN サーバがサンフランシスコにある場合、ロサンゼルスのユーザーはヨーロッパのユー

図 1-9

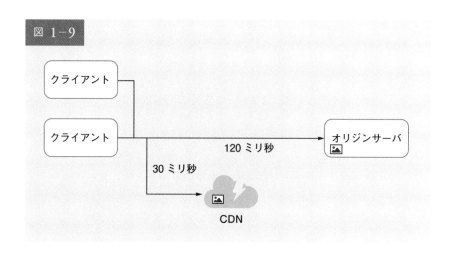

ザーよりも速くコンテンツを取得できます。図1-9は、CDNがどのように読み込み時間を向上させるかを示す好例です。

図1-10にCDNのワークフローを示します。

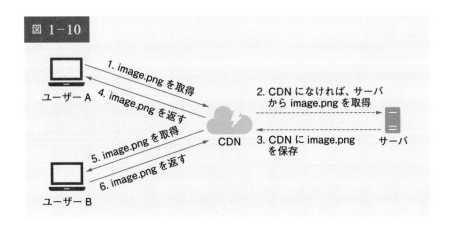

図 1−10

1. ユーザーAは、画像のURLを使ってimage.pngを取得しようとする。URLのドメインはCDNプロバイダーから提供されている。次の2つの画像URLは、AmazonとAkamaiのCDNで画像URLがどのように見えるかを示すために使用されるサンプルである
   - https://mysite.cloudfront.net/logo.jpg
   - https://mysite.akamai.com/image-manager/img/logo.jpg
2. CDNサーバのキャッシュにimage.pngがなければ、CDNサーバはオリジンサーバ(WebサーバやAmazon S3などのオンラインストレージ)にファイルを要求する
3. オリジンサーバは、CDNサーバにimage.pngを返す。このファイルには、オプションで画像がキャッシュされる期間を示すHTTPヘッダであるTime-to-Live (TTL)が含まれる
4. CDNは画像をキャッシュし、ユーザーAに返す。画像はTTLが切れるまでCDNにキャッシュされたままである
5. ユーザーBが同じ画像を取得するためにリクエストを送信する
6. TTLが失効していない限り、画像はキャッシュから返される

CDNを利用する際の注意点

‣ **コスト**：CDN はサードパーティのプロバイダーによって運営されており、CDN へのデータ転送と CDN からのデータ転送に課金される。使用頻度の低いコンテンツは、キャッシュしても大きなメリットがないので、CDN からの移動を検討する必要がある

‣ **キャッシュの有効期限の適切な設定**：時間的制約のあるコンテンツでは、キャッシュの有効期限設定が重要である。キャッシュの有効期限は、長過ぎても短過ぎてもいけない。長過ぎると、コンテンツが新鮮でなくなる可能性がある。短過ぎる場合は、オリジンサーバから CDN へコンテンツを繰り返し再読み込みする可能性がある

‣ **CDN フォールバック**：CDN が故障した場合に、Web サイトやアプリケーションがどのように対処するかを検討する必要がある。CDN が一時的に停止した場合、クライアントがその問題を検知し、オリジンサーバからリソースをリクエストできるようにする必要がある

‣ **ファイルの無効化**：次のいずれかの操作を実行することで、有効期限が切れる前に CDN からファイルを削除できる

- CDN ベンダーが提供する API を使用して CDN オブジェクトを無効化する
- オブジェクトのバージョニングを使用して、オブジェクトの異なるバージョンを提供する。オブジェクトをバージョン管理するには、URL にバージョン番号などのパラメータを追加する。例えば、バージョン番号2は image.png?v=2というクエリ文字列に追加される

図 1-11 は、CDN とキャッシュが追加された後の設計を示しています。

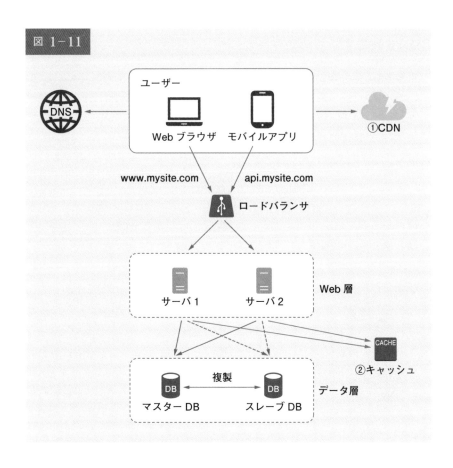

図 1-11

1. 静的コンテンツ（JS、CSS、画像など）は、もはや Web サーバから提供
   されない。パフォーマンスを向上させるため、CDN から取得する
2. データをキャッシュすることで、データベースの負荷が軽減される

ステートレス Web 層

　さて、いよいよ Web 層の水平スケーリングを検討します。それには、状
態（例えば、ユーザーの状態データなど）を Web 層の外に移す必要があり
ます。望ましいのは、状態データをリレーショナルデータベースや NoSQL

のような永続的なストレージに保存することです。クラスタ内の各Webサーバは、データベースから状態データにアクセスできます。これはステートレスWeb層と呼ばれます。

ステートフルアーキテクチャ

ステートフルサーバとステートレスサーバには、いくつかの重要な違いがあります。ステートフルサーバはあるリクエストから次のリクエストまでのクライアントデータ（状態）を記憶していますが、ステートレスサーバは状態情報を保持しません。

図 1-12 に、ステートフルアーキテクチャの例を示します。

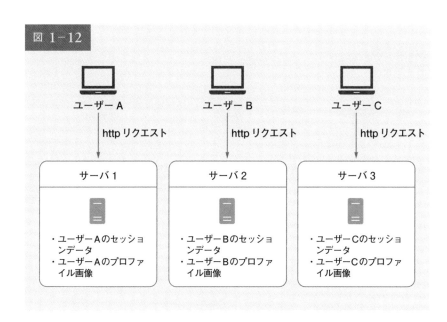

図 1-12

図 1-12 では、ユーザー A のセッションデータとプロファイル画像がサーバ1に保存されています。ユーザー A を認証するには、HTTP リクエストはサーバ1にルーティングされなければなりません。リクエストがサーバ2のような他のサーバに送られると、サーバ2にはユーザー A の状態データがない

ため、認証は失敗します。同様に、ユーザー B からのすべての HTTP リク
エストはサーバ2に、ユーザー C からのすべての HTTP リクエストはサー
バ3に送られなければなりません。

　問題は、同じクライアントからの全リクエストが同じサーバにルーティン
グされなければならないことです。これは、ほとんどのロードバランサのス
ティッキーセッションにおいて起こり得ます[10]。しかも、手間がかかりま
す。このアプローチでは、サーバの追加や削除はより困難になり、サーバの
故障処理も難しくなるのです。

ステートレスアーキテクチャ

　図 1-13 にステートレスアーキテクチャを示します。

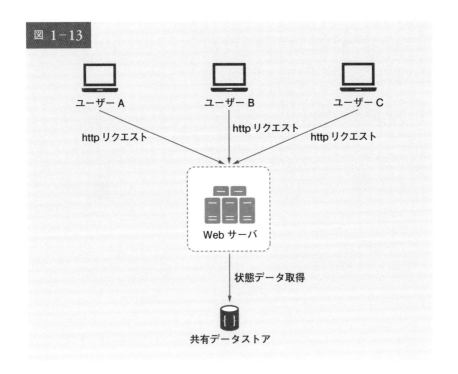

図 1-13

　このステートレスアーキテクチャでは、ユーザーからの HTTP リクエストは任意の Web サーバに送られ、Web サーバは共有データストアから状態データを取得します。状態データは共有データストアに保存され、Web サーバには残りません。ステートレスシステムは、よりシンプルで堅牢で、かつスケーラブルなシステムなのです。

　図 1-14 に、ステートレス Web 層を持つように変更した設計を示します。

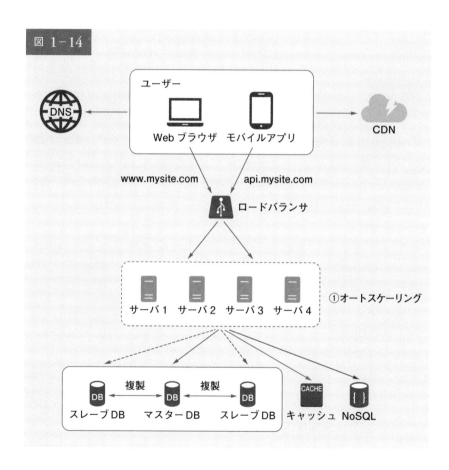

図 1-14

　図 1-14 では、状態データを Web 層から移動し、永続データストアに保存しています。共有データストアは、リレーショナルデータベース、Memcached/Redis、NoSQL などの可能性があるでしょう。NoSQL データ

ストアは、拡張が容易なことから選ばれます。オートスケーリングとは、トラフィックの負荷に応じて Web サーバを自動的に追加・削除することです。Web サーバから状態データを取り除いた後、トラフィック負荷に応じてサーバを追加または削除することで、Web 層のオートスケーリングを容易に実現できます。

　Web サイトは急速に成長し、グローバルで多くのユーザーを引きつけています。可用性を高め、より広い地域でより良いユーザー体験を提供するには、複数のデータセンターをサポートすることが重要なのです。

データセンター

　図 1-15 は、2 つのデータセンターがある場合の設定例です。通常の運用では、ユーザーはジオ DNS ルーティング（ジオルーティングとも呼ばれる）によって、最も近いデータセンターに移動し、米国の東海岸では x%、西海岸では (100 - x)% の割合でトラフィックを分割します。ジオ DNS とは、ユーザーの位置に基づいてドメイン名を IP アドレスに割り当てる DNS サービスです。

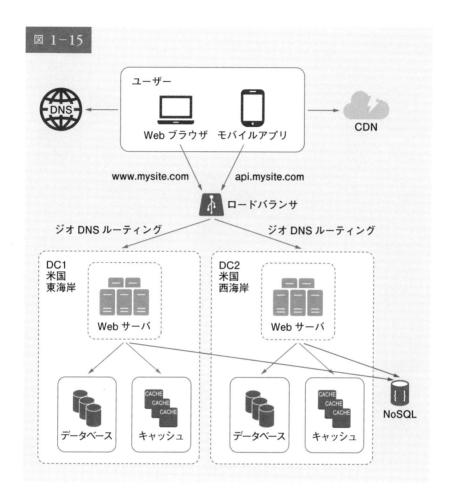

図 1-15

データセンターに重大な障害が発生した場合、すべてのトラフィックを問題のないデータセンターへと誘導します。図1-16では、データセンター2（西海岸）がオフラインになり、トラフィックの100%がデータセンター1（東海岸）にルーティングされています。

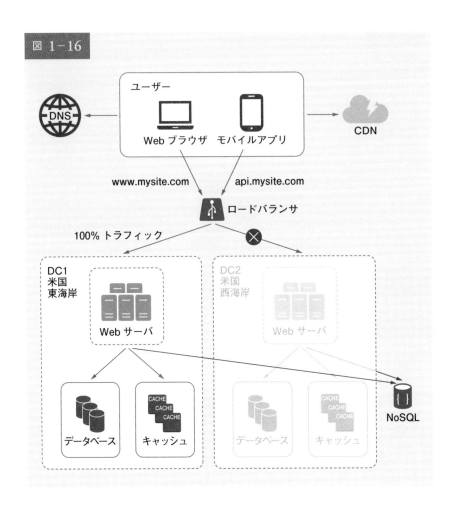

図 1-16

マルチデータセンター化を達成するには、以下に上げるようないくつかの技術的課題を解決する必要があります。

‣ **トラフィックのリダイレクト**：トラフィックを適切なデータセンターに誘導するための効果的なツールが必要。ジオ DNS を使用すると、ユーザーの所在地に応じて最も近いデータセンターにトラフィックを誘導できる
‣ **データの同期**：異なる地域のユーザーは、異なるローカルデータベースやキャッシュを使用するかもしれない。フェイルオーバーの場合、データが

利用できないデータセンターにトラフィックがルーティングされる可能性がある。一般的な戦略は、複数のデータセンター間でデータを複製することである。以前の研究では、Netflix がどのように非同期のマルチデータセンター・レプリケーションを実装しているかを示している[11]

‣ **テストとデプロイ**：マルチデータセンターのセットアップでは、Web サイトやアプリケーションを異なるロケーションでテストすることが重要になる。すべてのデータセンターにおけるサービスの一貫性を保つには、自動デプロイメントツールが不可欠となる[11]

システムをさらに拡張するには、システムのさまざまな構成要素を切り離して、それぞれが単独で拡張できるようにする必要があります。メッセージキューは、この問題を解決するため、多くの実世界の分散システムで採用されている重要な戦略です。

メッセージキュー

メッセージキューは、メモリに格納された耐久性のある構成要素であり、非同期通信をサポートしています。バッファとして機能し、非同期要求を分散させるのです。メッセージキューの基本的なアーキテクチャは単純です。プロデューサー / パブリッシャーと呼ばれる入力サービスは、メッセージを作成し、メッセージキューに発行します。コンシューマー / サブスクライバと呼ばれる他のサービスやサーバは、キューに接続し、メッセージによって定義されたアクションを実行します。このモデルを図 1-17 に示します。

図 1-17

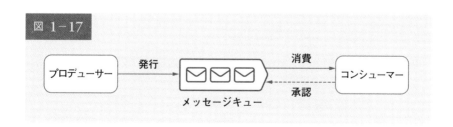

（プロデューサーとコンシューマーが）互いに切り離されることで、メッセージキューはスケーラブルで信頼性の高いアプリケーションを構築する上で望ましいアーキテクチャとなります。メッセージキューでは、プロデューサーはコンシューマーが処理できないときでも、キューにメッセージをポストできます。コンシューマーは、プロデューサーが利用できないときでも、キューからメッセージを読み出せるのです。

　次のような使用例を考えてみましょう。あなたのアプリケーションは、写真のトリミング、シャープネス、ぼかしなどの写真加工をサポートしています。これらのカスタマイズ作業には時間がかかります。図 1-18 では、Webサーバがメッセージキューに写真処理ジョブを発行しています。写真処理ワーカーはメッセージキューからジョブを受け取り、非同期に写真のカスタマイズタスクを実行します。プロデューサーとコンシューマーは、それぞれ単独でスケールアップできるのです。メッセージキューのサイズが大きくなれば、ワーカーを追加して処理時間を短縮します。一方、キューがほとんど空である場合は、ワーカーの数を減らせるのです。

図 1-18

ログ取得、定量化、自動化

　数台のサーバで動作する小規模 Web サイトの場合、ログ取得、定量化、自動化のサポートは望ましいものの、必要不可欠ではありません。しかし、サイトが成長して大規模なビジネスに対応するようになると、これらのツールへの投資は不可欠です。

- **ログ取得**：エラーログの監視は、システムにおけるエラーや問題の特定に役立つため、重要である。エラーログは、サーバ単位での監視も可能だが、ツールを使って一元化し、簡単に検索・閲覧できるようにすることも可能である
- **定量化**：さまざまな種類の定量データを収集することで、ビジネス上の洞察を得たり、システムの健康状態を理解したりできる。以下のような定量データが有効である
  - ホストレベルの定量データ：CPU、メモリ、ディスクI/O など
  - 集計レベルの定量データ：例えば、データベース層全体、キャッシュ層などのパフォーマンス
  - 主要なビジネス指標：デイリーアクティブユーザー、リテンション、収益、その他
- **自動化**：システムが大きく複雑になると、生産性を向上させるために自動化ツールを構築したり活用したりする必要がある。継続的インテグレーションは良い実践であり、これにより各コードのチェックインを自動化で検証し、チームによる問題の早期発見を可能にする。さらに、ビルド、テスト、デプロイのプロセスなどの自動化により、開発者の生産性を大幅に向上できる

メッセージキューと各種ツールの追加

図1-19に変更後の設計を示します。スペースの関係で、図には1つのデータセンターしか示されていません。

1. この設計にはメッセージキューが含まれており、より疎結合で障害に強いシステムを実現するのに役立つ
2. ログ取得、監視、定量化、および自動化のツールが含まれる

図 1-19

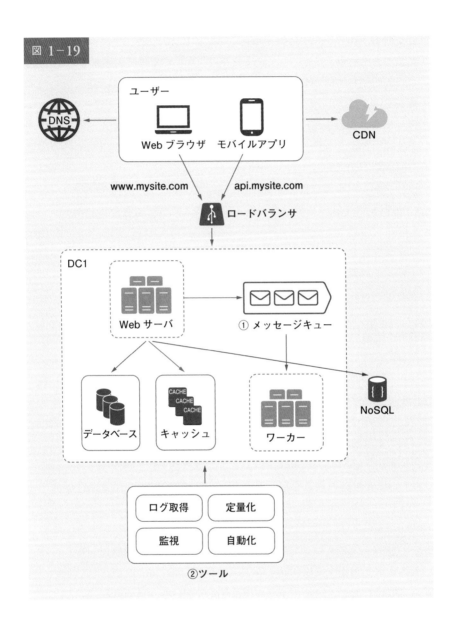

データが日々増加すると、データベースはより過負荷になります。これは、データ層を拡張するタイミングです。

データベースのスケーリング

データベースのスケーリングには、大きく分けて「垂直スケーリング」と「水平スケーリング」という2つのアプローチがあります。

垂直スケーリング

スケールアップとも呼ばれる垂直スケーリングでは、既存マシンにさらにパワー（CPU、RAM、DISKなど）を追加することでスケーリングします。データベースサーバには強力なものがあります。Amazon Relational Database Service (RDS)を使えば[12]、24TBのRAMを搭載したデータベースサーバを手に入れられるでしょう。このような強力なデータベースサーバは、多くのデータを保存し、処理できます。例えば、2013年のstackoverflow.comは、毎月1000万人以上のユニークビジターを抱えていましたが、1つのマスターデータベースしか持っていませんでした[13]。しかし、垂直スケーリングにはいくつか重大な欠点があります。

‣ データベースサーバにCPUやRAMなどを追加できるが、ハードウェアには限界がある。ユーザー数が多い場合、1台のサーバでは不十分である
‣ 単一障害点のリスクが大きい
‣ 垂直スケーリングは、全体コストが高い。強力なサーバはより高価になる

水平スケーリング

シャーディングとも呼ばれる水平スケーリングでは、サーバを増設する。図1-20は垂直スケーリングと水平スケーリングを比較したものです。

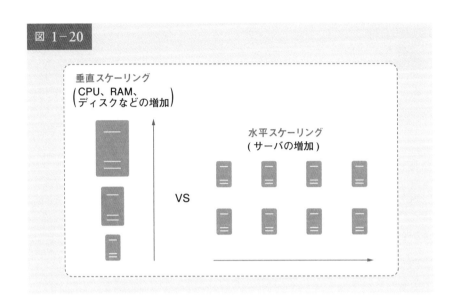

図 1-20

垂直スケーリング
(CPU、RAM、
ディスクなどの増加)

水平スケーリング
(サーバの増加)

VS

シャーディングでは、大規模なデータベースをより小さく、より管理しやすいシャードというパーツに分割します。各シャードは同じスキーマを共有しますが、各シャード上の実際のデータはそのシャード固有です。

図1-21は、シャーディングされたデータベースの例です。ユーザーデータは、ユーザー ID に基づいてデータベースサーバに割り当てられます。データにアクセスすると、ハッシュ関数を使って対応するシャードを探し出します。この例では、*user_id % 4* がハッシュ関数として使用されています。結果が 0 の場合、シャード 0 がデータの保存と捕捉に使用されます。結果が

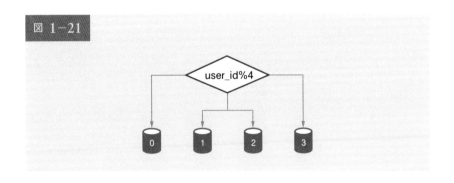

図 1-21

user_id%4

0 1 2 3

1の場合、シャード1が使用されます。他のシャードにも同様のロジックが適用されるのです。

　図1-22に、シャーディングされたデータベースのユーザーテーブルを示します。

図 1-22

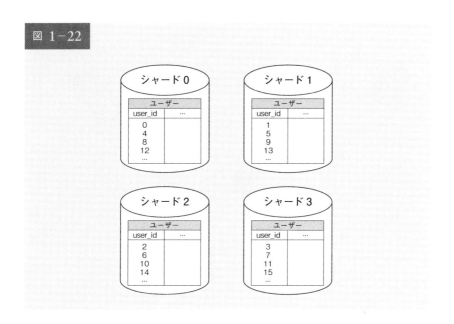

　シャーディング戦略を実装する際に考慮すべき最も重要な要素は、シャーディングキーを選択することです。シャーディングキー（パーティションキーと呼ばれる）は、データの分散方法を決定する1つないし複数の列で構成されています。図1-22に示すように、"*user_id*"はシャーディングキーです。シャーディングキーは、データベースへのクエリを正しいデータベースにルーティングすることで、データの取得と修正を効率的に行えるようにします。シャーディングキーを選択する際、最も重要な基準の1つは、データを均等に分散できるキーを選択することです。

　シャーディングはデータベースを拡張するための優れた技術ですが、完璧なソリューションにはほど遠いものです。システムに複雑さと新たな課題をもたらすからです。

‣ **データの再シャーディング**：データの再シャーディングが必要なのは、1）急激なデータ増加により、1つのシャードがそれ以上のデータを保持できなくなった場合、2）データの分布が不均一なため、特定のシャードが他

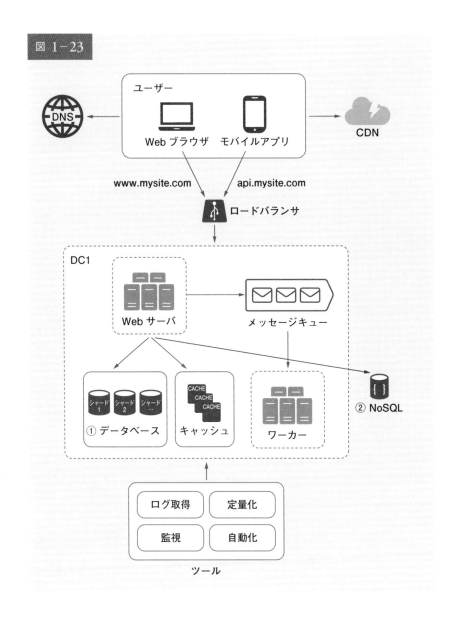

図 1-23

よりも早くシャードを使い果たす可能性がある場合である。シャード枯渇の際には、シャーディング機能の更新とデータの移動が必要になる。この問題を解決する手法として、5章で説明する「一貫性ハッシュ」がよく使われる

‣ **セレブ問題**：これはホットスポット・キー問題とも呼ばれる。特定のシャードへの過度なアクセスは、サーバの過負荷を引き起こすかもしれない。ケイティ・ペリー、ジャスティン・ビーバー、レディー・ガガのデータがすべて同じシャードに入ってしまうことを想像してみてほしい。ソーシャルアプリケーションでは、そのシャードが読込み処理に圧倒されることになる。この問題を解決するには、有名人ごとにシャードを割り当てる必要があるかもしれない。各シャードには、さらなるパーティションが必要かもしれないのだ

‣ **結合と非正規化**：データベースが複数のサーバにまたがってシャーディングされると、データベースのシャード間でジョイン操作を行うことが難しくなる。一般的な回避策は、データベースの非正規化を行い、単一のテーブルでクエリを実行できるようにすることである

図1-23では、急増するデータトラフィックをサポートするため、データベースをシャーディングしています。同時に、非リレーショナル機能の一部を NoSQL データストアに移行し、データベースの負荷を軽減しています。NoSQL のユースケースを数多く取り上げた記事を紹介しましょう[14]。

数百万ユーザーとそれ以上

システムのスケーリングは、繰り返し行われるプロセスです。この章で学んだことを繰り返し実施することで、大きな成果が得られるかもしれません。数百万ユーザーを超える規模の拡張には、より細かなチューニングと新たな戦略が必要です。例えば、システムを最適化し、さらに小さなサービスに分離する必要があるかもしれません。

この章で学んだテクニックはすべて、新しい課題に取り組むための良い基

礎となるはずです。章の最後に、数百万人のユーザーをサポートするため、どのようにシステムをスケーリングするかについておおまかに説明します。

- ‣ Web 層はステートレスに保つ
- ‣ 各階層で冗長性を確保する
- ‣ できる限りデータをキャッシュする
- ‣ 複数のデータセンターへの対応
- ‣ 静的アセットを CDN でホスティング
- ‣ シャーディングによるデータ層の拡張
- ‣ 各サービスに階層を分割する
- ‣ システムの監視と自動化ツールの使用

　ここまで来られた方、おめでとうございます。さあ、自分を褒めてあげましょう。よくやったと。

参 考 文 献

[1] Hypertext Transfer Protocol: https://en.wikipedia.org/wiki/Hypertext_Transfer_Protocol

[2] Should you go Beyond Relational Databases?:
https://blog.teamtreehouse.com/should-you-go-beyond- relational-databases

[3] Replication: https://en.wikipedia.org/wiki/Replication_ (computing)

[4] Multi-master replication: https://en.wikipedia.org/wiki/Multi-master_replication

[5] NDB Cluster Replication: Multi-Master and Circular Replication:
https://dev.mysql.com/doc/refman/5.7/en/mysql-cluster-replication- multi-master.html

[6] Caching Strategies and How to Choose the Right One:
https://codeahoy.com/2017/08/11/caching-strategies-and-how-to- choose-the-right-one/

[7] R. Nishtala, "Facebook, Scaling Memcache at," 10th USENIX Symposium on Networked Systems Design and Implementation (NSDI＇13).

[8] Single point of failure: https://en.wikipedia.org/wiki/Single_point_ of_failure

[9] Amazon CloudFront Dynamic Content Delivery: https://aws.amazon.com/cloudfront/dynamic-content/

[10] Configure Sticky Sessions for Your Classic Load Balancer:
https://docs.aws.amazon.com/elasticloadbalancing/latest/classic/elb- sticky-sessions.html

[11] Active-Active for Multi-Regional Resiliency:
https://netflixtechblog.com/active-active-for-multi-regional-resiliency- c47719f6685b

[12] Amazon EC2 High Memory Instances: https://aws.amazon.com/ec2/instance-types/high-memory/

[13] What it takes to run Stack Overflow:
http://nickcraver.com/blog/2013/11/22/what-it-takes-to-run- stack-overflow

[14] What The Heck Are You Actually Using NoSQL For:
http://highscalability.com/blog/2010/12/6/what-the-heck-are-you- actually-using-nosql-for.html

2章 おおまかな見積もり

システム設計の面接試験では、しばしばシステム容量や性能要件をおおざっぱに見積もるように依頼されます。Google のシニアフェローであるジェフ・ディーンによれば、「おおまかな見積もりとは、思考実験と一般的な性能数値を組み合わせて、どの設計が要件を満たすかについて良い感触を得るために行う見積もり[1]」だそうです。

おおまかな見積りを効果的に行うには、スケーラビリティの基本的な感覚を身に付ける必要があります。2のべき乗[2]、プログラマが知っておくべきレイテンシの数値、可用性の数値などといった概念をよく理解しておく必要があります。

2のべき乗

分散システムではデータ量が膨大になることもありますが、計算は基本に忠実です。正しい計算には、データ量の単位を2のべき乗で把握するのが重

表 2-1

べき乗	おおよそのデータ容量	Full name	Short name
10	1,000	1キロバイト	1KB
20	100万	1メガバイト	1MB
30	100億	1ギガバイト	1GB
40	100兆	1テラバイト	1TB
50	100京	1ペタバイト	1PB

要になります。ASCII 文字は1バイト（8ビット）のメモリを使用します。以下の表で、データ容量の単位を説明しましょう（表2-1）。

プログラマが知っておくべきレイテンシの数値

Google のディーン博士は、2010年における典型的なコンピュータ操作の時間を明らかにしています[1]。コンピュータの高速化、高性能化に伴って、いくつかの数値は古くなっています。しかし、これらの数値はさまざまなコンピュータ操作の速さや遅さを知る上で、依然として有効であるはずです。

表 2-2

コンピュータ操作名	時間
L1キャッシュ参照	0.5ns
分岐予測ミス	5ns
L2キャッシュ参照	7ns
ミューテックスのロック / アンロック	100ns
メインメモリ参照	100ns
1KB の zip 圧縮	10,000ns = 10μs
1Gbps ネットワーク上の2KB 送付	20,000ns = 20μs
メモリからの1MB の連続読込み	250,000ns = 250μs
同一データセンター内の往復	500,000ns = 500μs
ディスクのシーク	10,000,000ns = 10ms
ネットワークからの1MB の連続読込み	10,000,000ns = 10ms
ディスクからの1MB の連続読込み	30,000,000ns = 30ms
カルフォルニア - オランダ間の往復のパケット送付	150,000,000ns = 150ms

注：ns= ナノ秒、μs= マイクロ秒、ms= ミリ秒、1ns=10^{-9}秒、1μs =10^{-6}秒=1,000ns、1ms=10^{-3}秒=1,000μs =1,000,000ns

Google のソフトウェアエンジニアは、ディーン博士の数字を可視化するツールを作っています。このツールには、時間的な要素も考慮されています。図2-1は、2020年時点のレイテンシの数値を可視化したものです（数値の出

典は参考資料［3］）。

図 2-1

- 1ns
- L1 キャッシュ参照：3ns
- 分岐予測ミス：3ns
- L2 キャッシュ参照：4ns
- ミューテックスのロック／アンロック：17ns
- 100ns ＝ ■

- メインメモリ参照：100ns
- 1,000ns ≒ 1μs
- 1KB の zip 圧縮：2,000ns ≒ 2μs
- 10,000ns ≒ 10μs ＝ ■

- SSD のランダム読込み：16,000ns ≒ 16μs
- メモリからの 1MB の連続読込み：3,000ns ≒ 3μs
- 同一データセンター内の往復：500,000ns ≒ 500μs
- 1,000,000ns ＝ 1ms ＝ ■

- 一般的なネットワーク上の 2KB の送付：44ns
- SSD からの 1MB の連続読込み：49,000ns ≒ 49μs
- ディスクのシーク：2,000,000ns ≒ 2ms
- ディスクからの 1MB の連続読込み：825,000ns ≒ 825μs
- カルフォルニア - オランダ間の往復のパケット送付：150,000,000ns ≒ 150ms

図2-1の数字を分析することで、次のような結論が得られます。

- ‣ メモリは速いが、ディスクは遅い
- ‣ 可能ならディスクのシークは避ける
- ‣ 単純な圧縮アルゴリズムは速い
- ‣ 可能であれば、インターネット送信前にデータを圧縮する
- ‣ データセンターは通常、異なる地域にあり、データセンターにデータを送るのに時間がかかる

可用性の数値

　高可用性とは、望ましく長い時間に渡って継続的に稼働するシステムの能力です。高可用性はパーセンテージで測定され、100％はダウンタイムがゼロのサービスを意味します。多くのサービスは99％から100％の間にあります。

　サービスレベルアグリーメント（SLA）とは、サービスプロバイダーに対してよく使われる言葉です。これは、サービスプロバイダーとその顧客との契約であり、この契約によって、サービスがどの程度の稼働率を実現するかは正式に定義されます。クラウドプロバイダーの Amazon [4]、Google [5]、Microsoft [6] は、SLA を99.9％以上に設定しています。稼働時間は、伝統的に9で測定されます。9が多ければ多いほど良いわけです。表2-3に示すように、9の数は予想されるシステムの停止時間と相関があります。

表 2−3

可用性（%）	1日の ダウンタイム	1週間の ダウンタイム	1月の ダウンタイム	1年の ダウンタイム
99%	14.40分	1.68時間	7.31時間	3.65日
99.9%	1.44分	10.08分	43.83分	8.77時間
99.99%	8.64秒	1.01分	4.38分	52.60分
99.999%	864.00ミリ秒	6.05秒	26.30秒	5.26分
99.9999%	86.40ミリ秒	604.80ミリ秒	2.63秒	31.56秒

例：TwitterのQPSと必要なストレージの見積もり

以下の数字は、Twitter の実際の数字ではなく、この演習のためだけのものであることに注意してください。

前提条件：

- 月間アクティブユーザー数3億人
- 50% のユーザーが毎日 Twitter を利用
- ユーザーは1日平均2件のツイートを投稿
- ツイートの10% はメディアを含む
- データは5年間保存

推定値：

クエリ / 秒（QPS）の推定値：

- デイリーアクティブユーザー（DAU）＝3億人 × 50% ＝ 1億5,000万人
- ツイートの QPS ＝ 1億5000万 × 2ツイート /24時間 / 3600秒間 ＝ 〜 3500
- ピーク時の QPS ＝ 2 × QPS ＝ 〜 7000

ここではメディアストレージのみを試算します。

- 平均的なツイートサイズ
  - ツイート ID　　64バイト
  - テキスト　　　140バイト
  - メディア　　　1メガバイト
- メディアの保存量：1億5000万×2×10% ×1MB＝30TB/ 日
- 5年間のメディア保存量：30 TB × 365 × 5 ＝ 〜 55 PB

ヒント

　おおざっぱな見積もりでは、プロセスが重要です。結果を得ることよりも、問題を解決することが重要なのです。面接官は、あなたの問題解決能力を試しているのかもしれません。ここでは、いくつかのヒントを紹介しましょう。

- **四捨五入と概算**：面接では、複雑な計算をするのは難しい。例えば、「99987 / 9.1」の答えはどうなるか。複雑な計算問題を解くために貴重な時間を費やす必要はない。正確さは求められないのだ。おおざっぱな数字や近似値を上手に使おう。割り算の問題は "100,000 / 10" のように単純化できる
- **仮定を書き出す**：後で参照できるように、仮定を書き留めておくとよい
- **単位にラベルを付ける**："5" と書くと、5KB を意味するのか、5MB を意味するのか、と混乱するかもしれない。"5MB" と書けば曖昧さがなくなる。単位を書くのだ
- **おおまかな見積もりはよく聞かれる**：QPS、ピーク QPS、ストレージ、キャッシュ、サーバ数などだ。面接の準備の際に、これらの計算を練習しておくとよい。練習すれば完璧になる

　ここまで来られた方、おめでとうございます。さあ、自分をほめてあげてください。よくやったと。

参考文献

[1]　J. Dean.Google Pro Tip: Use Back-Of-The-Envelope-Calculations To Choose The Best Design: http://highscalability.com/blog/2011/1/26/google-pro-tip-use-back-of- the-envelope-calculations-to-choo.html

[2]　System design primer: https://github.com/donnemartin/system- design-primer

[3]　Latency Numbers Every Programmer Should Know: https://colin-scott.github.io/personal_website/research/interactive_ latency.html

[4]　Amazon Compute Service Level Agreement: https://aws.amazon.com/compute/sla/

[5]　Compute Engine Service Level Agreement (SLA): https://cloud.google.com/compute/sla

[6]　SLA summary for Azure services: https://azure.microsoft.com/en-us/support/legal/sla/summary/

3章 システム設計の面接試の フレームワーク

　憧れの企業での対面の面接が決まりました。採用担当者から当日のスケジュールが送られてきます。良い感じでスケジュールを読み進めていくと、「システム設計の面接試験」という項目に目が留まります。

　システム設計の面接試験は、しばしば威圧的です。「有名な製品 X を設計していますか」というように、漠然としているかもしれません。質問も曖昧で、理不尽に範囲が広く感じられます。あなたが疲れるのも無理ありません。何しろ、何千人とは言わないまでも、何百人ものエンジニアが苦労して作り上げた人気の製品を、誰が1時間で設計できるのでしょう。

　幸いなことに、誰もあなたにそのようなことを期待しているわけではありません。現実のシステム設計は非常に複雑です。例えば、Google の検索は非常にシンプルですが、そのシンプルさを支えている膨大な技術には本当に驚かされます。では、1時間で現実のシステムを設計することは期待されないとしたら、システム設計の面接試験の利点とは何でしょう。

　システム設計の面接試験は、2人の同僚が共同で曖昧な問題に対して目標を満たすソリューションを考え出すという、現実世界における問題解決の疑似体験なのです。問題には、結論はなく、完璧な答えもありません。最終的な設計は、設計プロセスに費やした労力に比べれば、それほど重要ではありません。設計のプロセスによって、自らの設計スキルを証明し、自らの設計上の選択を擁護し、フィードバックに対して建設的に対応するのです。

　ここで、あなたに会いに会議室へ入ってくるとき、面接官が何を考えているかについて考察してみましょう。面接官の第一の目標は、あなたの能力を正確に評価することです。面接官が一番避けたいのは、面接がうまくいかず、十分なメッセージが得られずに、結論の出ない評価を下すことです。では、システム設計の面接試験において面接官は何を求めているのでしょう。

　システム設計の面接試験で問われるのは技術的な設計能力がすべてであると考える人が多いようです。しかし、それだけではありません。優れたシステム設計の面接では、その人の協調性、プレッシャー下での仕事ぶり、曖昧さを建設的に解決する能力がよくわかります。良い質問をする能力もまた、不可欠なスキルであり、多くの面接官に求められるでしょう。

　優秀な面接官は、危険信号にも目を向けます。過剰なエンジニアリングは多くのエンジニアが抱く病であり、彼らは設計の純粋さに喜びを感じ、トレードオフを無視します。そのため、過剰なシステム設計がもたらす複合的なコストにしばしば気づかず、多くの企業がその代償を支払っています。こうした傾向は、システム設計の面接では絶対に見せたくありません。その他、視野の狭さ、頑固さなども危険信号となります。

　この章では、システム設計の面接試験のヒントをいくつか理解し、問題を解決する上で有用なシンプルで効果的なフレームワークを紹介します。

優れたシステム設計の面接試験の4ステップ

　システム設計の面接試験に同じものはありません。優れたシステム設計の面接試験には結論はなく、万能な解決策もありません。しかし、すべてのシステム設計の面接試験には、カバーすべきステップと共通のフレームワークがあります。

ステップ1：問題を理解し、設計範囲を明確にする

「なぜ、虎は吼えたのですか？」
　教室の後ろのほうで手があがりました。
「はい、ジミー？」と教師が指します。
「お腹が空いていたからです」
「よくできました、ジミー」

　幼い頃から、ジミーはクラスで真っ先に質問に答えていました。先生が質

問をすると、答えがわかってもわからなくても、必ず質問にチャレンジするのを好む子が教室にいます。それがジミーです。

　ジミーは優等生です。すべての答えに早く到達することにプライドを持っています。試験でも、たいてい最初に問題を解き終わります。どのような学問分野の競争でも、教師が真っ先に選ぶのは彼なのです。

　でも、ジミーのようになってはいけません。

　システム設計の面接試験では、何も考えずに素早く答えを出しても、ボーナスポイントはもらえません。また、要件を十分に理解せずに答えるのは、面接試験が雑学コンテストでない以上、大きな危険信号となるでしょう。正解はないのです。

　だから、すぐに飛びついて答えを出してはいけません。ゆっくりと考えてください。深く考え、質問をして、要件や前提条件を明確にします。これは非常に重要なことです。

　エンジニアとしては、難しい問題を解決して最終的な設計へと飛び込みたいところですが、このやり方では間違ったシステムを設計してしまう可能性が高いのです。エンジニアにとって最も重要なスキルの1つは、正しく質問し、適切な仮定を立て、システムを構築するために必要なすべての情報を収集することです。ですから、臆することなく質問してください。

　質問された面接官は、あなたの質問に直接答えたり、あなたの仮設を聞いたりします。後者の場合は、ホワイトボードや紙に仮設を書き出してください。後で必要になるかもしれません。

　どのような質問をすればいいのでしょう。要件を正確に理解するための質問です。以下は、質問のリストです。

▸ 具体的にどのような機能を開発するのか
▸ 製品のユーザー数はどのくらいか
▸ どの程度のスピードでスケールアップすることを想定しているか。3ヶ月後、6ヶ月後、1年後のスケールアップはどの程度を想定しているか
▸ その会社の技術的な問題は何か。設計をシンプルにするために活用できそうな既存サービスは何か

例

　ニュースフィードのシステム設計を依頼されたとき、要件の明確化のために質問するとします。あなたと面接官の会話は、次のようなものになるでしょう。

候補者：これはモバイルアプリですか、それとも Web アプリですか、それとも両方ですか？
面接官：両方です。
候補者：製品において最も重要な機能は何ですか？
面接官：投稿できることと、友だちのニュースフィードが見られることです。
候補者：ニュースフィードの並び順は、逆時系列ですか、それとも特定の順序ですか？特定の順序とは、各投稿に異なる重みが与えられていることを意味します。例えば、親しい友人からの投稿は、グループからの投稿よりも重要視されるのです。
面接官：シンプルにするため、フィードは逆時系列でソートされていると仮定しましょう。
候補者：1人のユーザーが持てる友だちの数はどのくらいですか？
面接官：5,000人です。
候補者：トラフィック量はどのくらいですか。
面接官：1,000万人のデイリーアクティブユーザー（DAU）です。
候補者：フィードには、画像や動画、あるいはテキストが含まれますか？
面接官：画像と動画の両方を含むメディアファイルが含まれます。

　以上は、面接官への質問のサンプルです。要件を理解し、あいまいな点を明確にすることが重要なのです。

ステップ2：高度な設計を提案し、賛同を得る

　このステップでは、高度な設計を行い、その設計について面接官と合意することを目指します。その際、面接官と協力しながら進めるとよいでしょう。

‣ 設計の初期設計図を作成し、フィードバックを求める。面接官をチームメイトとして扱い、一緒に仕事をする。優秀な面接官は、話をしたり、関わったりするのが好きだ
‣ ホワイトボードや紙に、主要な構成要素をボックス図に描く。クライアント（モバイル/Web）、API、Web サーバ、データストア、キャッシュ、CDN、メッセージキューなどが含まれるかもしれない
‣ 青写真がスケールの制約に合っているか、おおざっぱな計算で評価する。声に出して考える。設計に入る前におおざっぱな計算が必要なら、それを面接官に伝える

　可能であれば、いくつかの具体的なユースケースを確認しましょう。そうすることで、高度な設計を組み立てられます。ユースケースはまた、あなたがまだ考慮に入れていない特別なケースを発見するのに役立つでしょう。

　設計に、API エンドポイントやデータベーススキーマも含めるべきでしょうか。これは、問題によります。「Google の検索エンジンの設計」のような大きな設計であれば、少しレベルが低過ぎるでしょう。多人数参加型ポーカーゲームのバックエンド設計のような問題であれば、適切でしょう。面接官とコミュニケーションを取るのです。

▌例

「ニュースフィードシステムの設計」を例に、高度な設計への取り組み方を説明します。ここでは、システムが実際、どのように動くかを理解する必要はありません。詳細は11章で説明します。

　高度な設計は、フィードの公開とニュースフィードの構築という2つの流れに分けられます。

‣ **フィードの公開**：ユーザーが投稿を公開すると、対応するデータがキャッシュ/データベースに書き込まれ、その投稿は友人のニュースフィードに取り込まれる
‣ **ニュースフィードの構築**：友人の投稿を逆時系列に集約し、ニュースフィードを構築する

図3-1、図3-2は、それぞれフィード公開フローとニュースフィード構築フローの高度な設計を示しています。

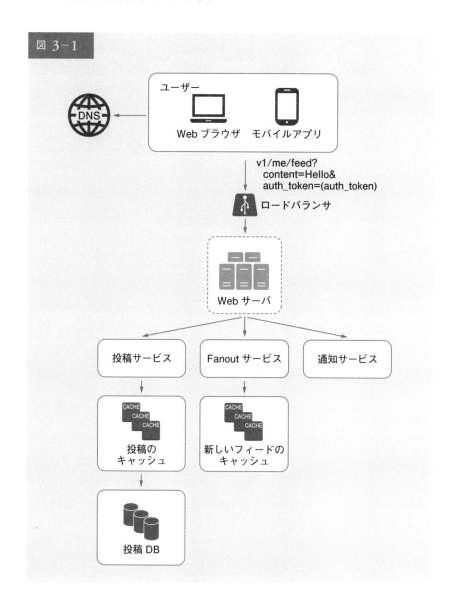

図 3-1

図 3-2

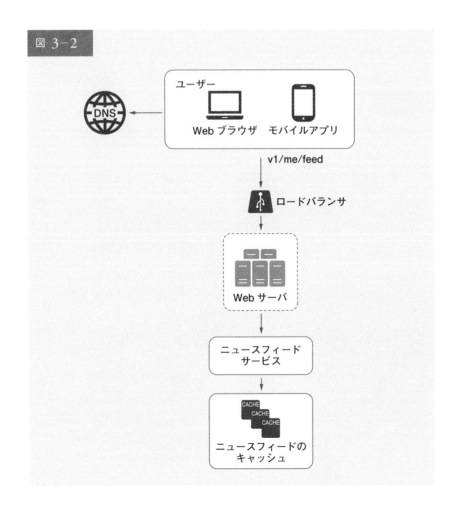

ステップ3：設計の深堀り

　このステップでは、あなたと面接官はすでに以下の目的を達成しているはずです。

▸ 全体的なゴールと機能の範囲について合意した
▸ 全体設計のために高度な青写真を描いた
▸ 高度な設計に対して面接官からのフィードバックを得た

▸ フィードバックに基づいて深堀りすることで、フォーカスすべきエリアについて最初のアイデアを得た

　面接官と協力して、アーキテクチャの構成要素を特定し、優先順位を付けましょう。面接は毎回異なることを強調しておきます。時には、面接官が高度な設計に集中するのが好きだというヒントを与えてくれるかもしれません。上級候補の面接では、システムの性能特性について議論されることもあり、ボトルネックやリソースの見積もりに焦点が当てられる可能性もあります。ほとんどの場合、面接官はシステムの構成要素の詳細を掘り下げるのを望むかもしれません。URL 短縮システムであれば、長い URL を短い URL に変換するハッシュ関数の設計に踏み込むと面白いでしょう。チャットシステムであれば、待ち時間をいかに減らすか、オンライン／オフラインの状態をどのようにサポートするか、などが重要なトピックです。

　細かな作業に追われると自分の能力を発揮できないので、タイムマネジメントは必須です。面接官に見せるメッセージを用意しておく必要があります。余計なことに首を突っ込まないようにしましょう。例えば、Facebook のフィードランキングの EdgeRank アルゴリズムについて詳しく話すことは、システム設計の面接では望ましくありません。

例

　この時点で、ニュースフィードシステムの高度な設計について議論し、面接官はあなたの提案に満足しています。次に、最も重要な2つのユースケースを調査します。

1. フィードの公開
2. ニュースフィードの検索

　図 3-3、図 3-4 に、この 2 つのユースケースの詳細設計を示しますが、これについては 11 章で詳しく説明します。

図 3-3

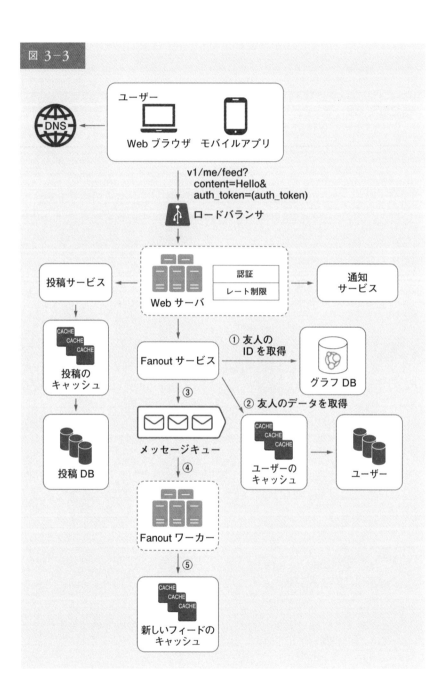

図 3-4

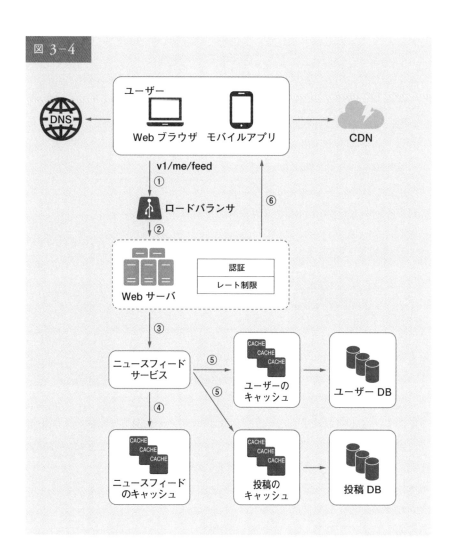

ステップ4：まとめ

この最終ステップでは、面接官がいくつかフォローアップの質問をしたり、その他の点について自由に話したりできます。以下はその例です。

‣ 面接官は、システムのボトルネックを特定し、改善の可能性について議論

するように求めるかもしれない。あなたの設計が完璧で、何も改善できないとは決して言わない。改善すべき点は必ずある。これは、あなたの批判的思考を示し、最終的に良い印象を残すための絶好の機会である

- 面接官にあなたの設計を振り返ってもらうのも有効である。これは、あなたがいくつかの解決策を提案した場合に特に重要である。長いセッションの後に面接官の記憶をリフレッシュさせるのは有効だろう
- エラー事例（サーバ障害、ネットワーク損失など）を話すのは興味深い
- 運用上の問題は、言及する価値がある。数値やエラーログをどのように監視しているか。システムをどのようにロールアウトするか
- 次のスケールカーブにどのように対応するかも、興味深いトピックである。例えば、現在の設計で100万ユーザーをサポートしている場合、1000万ユーザーをサポートするにはどのような変更が必要だろうか
- その他、時間があれば必要な改良を提案する。最後に、やるべきこととやるべきでないことのリストをまとめる

やるべきこと

- つねに説明を求めること。自分の思い込みが正しいと思い込まないこと
- 問題の要件を理解する
- 正解もベストアンサーもない。若いスタートアップ企業の問題を解決するために設計されたソリューションは、何百万ものユーザーを持つ老舗企業のそれとは異なる。要件は必ず理解すること
- あなたが考えていることを面接官に伝えよう。面接ではコミュニケーションを取ること
- 可能であれば、複数のアプローチを提案する
- 青写真について面接官と合意したら、各構成要素の詳細を確認する。最も重要な構成要素を最初に設計する
- 面接官にアイデアをぶつける。良い面接官は、チームメイトとしてあなたと一緒に仕事をする
- 決してあきらめないこと

やるべきでないこと

‣ 面接での典型的な質問に対する準備を怠らないこと

‣ 要件や前提条件を明確にしないまま、解決策に飛びつかないこと

‣ 最初に1つのコンポーネントについてあまり詳しく説明しないこと。最初に高度な設計を行い、その後掘り下げる

‣ 行き詰まったら、遠慮なくヒントを求めること

‣ 繰り返しになるが、コミュニケーションを取ること。黙って考えないこと

‣ 設計を伝えたら面接が終わったと思わないこと。面接官が「終わった」と言うまで、あなたは終わっていない。早く、そして頻繁にフィードバックを求める

各ステップの時間配分

　システム設計の面接試験の質問は通常非常に幅広いので、設計全体をカバーするのに45分や1時間では足りません。時間管理は必須です。では、各ステップにどれくらいの時間をかけるべきなのでしょうか。以下は、45分のインタビューセッションにおける時間配分の非常に大まかな目安です。あくまで目安であり、実際の時間配分は問題の範囲や面接官の要求によって異なることを覚えておいてください。

ステップ1　問題を理解し、設計範囲を確定する：3分〜10分
ステップ2　高度な設計を提案し、賛同を得る：10分〜15分
ステップ3　設計を深堀りする：10分〜25分
ステップ4　まとめる：3分〜5分

4章 レートリミッターの設計

　ネットワークシステムでは、クライアントやサービスから送信されるトラフィックの速度を制御するためにレートリミッターが使用されます。HTTPの世界では、レートリミッターが指定期間に送信できるクライアントリクエストの数を制限します。API リクエストの数がレートリミッターで定義された閾値を越えると、すべての過剰なコールがブロックされるのです。以下はその例です。

- ユーザーは1秒間に2件までしか書き込みができない
- 同じ IP アドレスから1日に作成できるアカウントは最大10個まで
- 同じデバイスから報酬を請求できるのは、1週間に5回まで

　この章では、レートリミッターを設計しましょう。設計を始める前に、まず API レートリミッター使用のメリットを見ていきます。

- サービス拒否（DoS）攻撃によるリソースの枯渇を防ぐ [1]。大手ハイテク企業が公開するほぼすべての API は、何らかの形でレート制限を実施している。例えば、Twitter は、3時間あたりのツイート数を300に制限している [2]。Google docs の API は、デフォルトで「読み取り要求について、1ユーザーあたり60秒間に300回 [3]」という制限を設けている。レートリミッターは、過剰な呼び出しをブロックすることで、意図的または非意図的な DoS 攻撃を防止するのだ
- コストを削減する。過剰なリクエストを制限することは、サーバの数を減らし、より多くのリソースを優先度の高い API に割り当てることを意味する。レート制限は、有料のサードパーティ API を使用している企業に

とって非常に重要である。例えば、クレジットチェック、支払い、健康記録の取得といった外部 API を利用する場合、呼び出しごとに課金される。コスト削減には、呼び出し回数の制限が不可欠となる

▸ サーバの過負荷を防ぐ。サーバ負荷を軽減するため、ボットやユーザーの不正行為による過剰なリクエストをフィルタリングするレートリミッターを使用する

ステップ 1	問題を理解し、設計範囲を明確にする

レートリミッターは様々なアルゴリズムで実装可能であり、それぞれに長所と短所があります。面接官と候補者のやり取りは、作ろうとしているレートリミッターの種類を明確にする上で役立ちます。

候補者：どのようなレートリミッターを設計しようとしているのですか？クライアントサイドのレートリミッターなのでしょうか、それともサーバサイドの API レートリミッターなのでしょうか？

面接官：良い質問ですね。私たちはサーバサイドの API レートリミッターを考えています。

候補者：レートリミッターは、IP やユーザー ID、あるいは他のプロパティに基づいて API リクエストを制限（スロットリング）するのでしょうか。

面接官：そうです。レートリミッターは、異なる制限ルールのセットをサポートする上で十分な柔軟性を持っている必要があります。

候補者：システムの規模はどの程度ですか。スタートアップ企業向けなのでしょうか、それとも大規模なユーザー基盤を持つ大企業向けなのでしょうか。

面接官：システムは、大量のリクエストを処理できなければなりません。

候補者：システムは分散環境で動作するのでしょうか。

面接官：はい、そうです。

候補者：レートリミッターは別のサービスでしょうか、それともアプリケーションコードに実装すべきでしょうか。

面接官：それは、あなたの設計に対する判断次第です。

候補者：制限されたユーザーに通知する必要がありますか。

面接官：はい。

必要条件

システムに対する要求事項の概要は以下の通りです。

- 過剰なリクエストを的確に制限すること
- 低遅延であること。HTTPのレスポンスタイムを遅くしない
- できるだけ少ないメモリで動作すること
- 分散型レートリミッターであること。複数のサーバやプロセスでレートリミッターを共有可能
- 例外処理。リクエストが制限されたとき、ユーザーに明確な例外を表示する
- 高い障害耐性。レートリミッターに何らかの問題が発生した場合（例えばキャッシュサーバがオフラインになった場合）も、システム全体には影響しない

ステップ 2	高度な設計を提案し、賛同を得る

ここでは、シンプルに基本的なクライアント - サーバモデルで通信することにしましょう。

レートリミッターはどこに置くのか

直感的には、レートリミッターはクライアント側あるいはサーバ側のどちらにも実装できます。

- クライアント側での実装：一般に、クライアントのリクエストは悪意のあ

る行為者によって簡単に偽造される可能性があるため、クライアントは
レート制限を実施するには信頼性の低い場所である。さらに、クライアン
トの実装を制御できない可能性もある

▸ **サーバ側での実装**：図4-1は、サーバサイドに設置されたレートリミッター
を示したものである

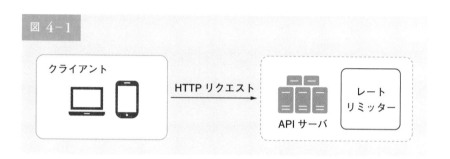

図 4-1

クライアント

HTTP リクエスト

API サーバ

レート
リミッター

　クライアント側とサーバ側の実装以外にも、方法はあります。APIサー
バにレートリミッターを置くかわりに、図4-2に示すように、APIへのリク
エストをスロットルで制限するレートリミッターミドルウェアを作成するの
です。

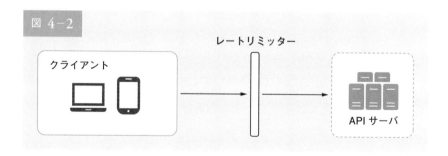

図 4-2

レートリミッター

クライアント

API サーバ

　図4-3の例を使って、この設計でレート制限がどのように機能するかを説
明しましょう。APIが1秒間に2つのリクエストを許可し、クライアントが1
秒間に3つのリクエストをサーバに送ると仮定します。最初の2つのリクエ
ストはAPIサーバにルーティングされます。しかし、レートリミッターミ

ドルウェアは、3番目のリクエストを制限（スロットリング）し、HTTPステータスコード429を返します。HTTP 429のレスポンスステータスコードは、ユーザーがあまりにも多くのリクエストを送信したことを示します。

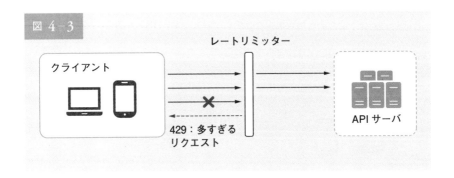

図 4-3

クラウドマイクロサービス [4] は広く普及しており、レート制限は通常、APIゲートウェイと呼ばれるコンポーネント内に実装されています。APIゲートウェイは、レート制限、SSL終了、認証、IPホワイトリスト、静的コンテンツのサービスなどをサポートするフルマネージドサービスです。ここでは、APIゲートウェイがレートリミッターをサポートするミドルウェアであることだけを知っておけばよいでしょう。

　レート制限を設計する際に重要なのは、「レート制限はどこに実装するべきか、サーバ側あるいはゲートウェイ内か」です。絶対的な答えはありません。それは、あなたの会社における現在の技術スタック、エンジニアリング・リソース、優先順位、目標などに依存します。ここでは、いくつかの一般的なガイドラインを紹介しましょう。

‣ プログラミング言語、キャッシュサービスなど、現在の技術スタックを評価する。現在使用しているプログラミング言語が、サーバ側でレート制限を実装するのに有効であることを確認する
‣ ビジネスニーズに合ったレート制限アルゴリズムを特定する。サーバ側にすべてを実装する場合、アルゴリズムは完全に制御できる。しかし、サードパーティのゲートウェイを使用する場合は、選択肢は制限される可能性

がある
- すでにマイクロサービス・アーキテクチャを採用し、認証や IP アドレスリスト作成などのために API ゲートウェイを設計に組み込んでいる場合、API ゲートウェイにレート制限を追加できる
- レートリミッターサービスを独自に構築するのは時間がかかる。レートリミッターを実装するための十分なエンジニアリングリソースがない場合は、商用 API ゲートウェイを利用するのがよいだろう

レートリミッターのアルゴリズム

レートリミッターは様々なアルゴリズムを使って実装でき、それぞれに明確な長所と短所があります。この章ではアルゴリズムに焦点を当てませんが、高レベルでそれらを理解することは、ユースケースに合致する正しいアルゴリズムやアルゴリズムの組み合わせを選択するのに役立ちます。以下は、一般的なアルゴリズムのリストです。

- トークンバケット（Token bucket）
- リーキーバケット（Leaky bucket）
- 固定ウィンドウカウンタ（Fixed window counters）
- スライディングウィンドウログ（Sliding window log）
- スライディングウィンドウカウンタ（Sliding window counters）

トークンバケットアルゴリズム

トークンバケットアルゴリズムは、レート制限に広く使われます。シンプルでわかりやすく、インターネット企業でよく使われているのです。Amazon [5] と Stripe [6] は、このアルゴリズムを使って API リクエストを制限しています。

トークンバケットアルゴリズムは、以下のように動作します。

- トークンバケットとは、あらかじめ決められた容量を持つコンテナである。トークンバケットはあらかじめ決められた容量を持つ容器で、定期的

にトークンが入れられる。バケットが満杯になると、それ以上トークンは追加されない。図4-4に示すように、トークンバケットの容量は4である。補充係は1秒に2個のトークンをバケットに入れる。バケットが一杯になると、余分なトークンが溢れ出す

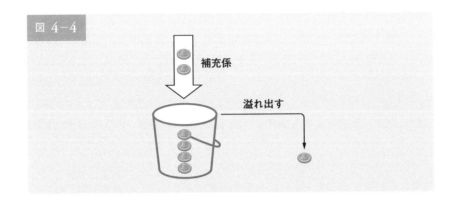

図 4-4

- 各リクエストは1つのトークンを消費する。リクエストが届くと、バケットに十分なトークンがあるかを確認する。図4-5はその様子を示している
  - 十分なトークンがある場合、各リクエストに対して1つのトークンを取り出し、リクエストは通過する
  - 十分なトークンがない場合、リクエストは破棄される

図4-6は、トークン消費、再充填、およびレート制限ロジックがどのように機能するかを示しています。この例では、トークンのバケットサイズは4で、補充レートは1分間に4です。

図 4-5

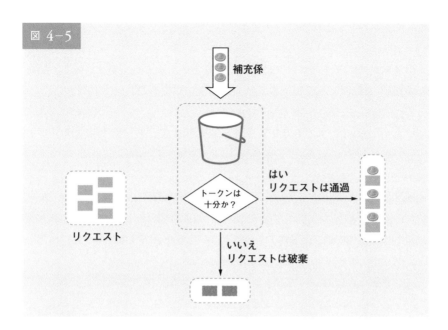

図 4-6

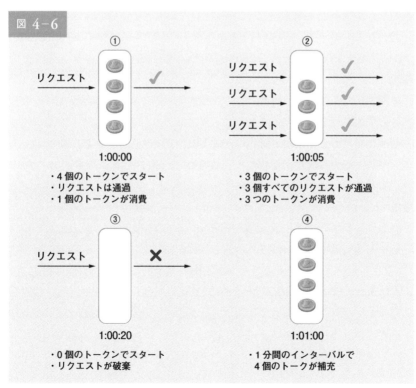

トークンバケットアルゴリズムは2つのパラメータを取ります。

> ‣ バケットサイズ：バケットに入れられるトークンの最大数
> ‣ 補充率：1秒間にバケットに入れられるトークンの数

　バケットはいくつ必要でしょう。これは様々で、レート制限のルールによって変わります。以下はその例です。

> ‣ 通常、API エンドポイントごとに異なるバケットを用意する必要がある。たとえば、あるユーザーが 1 秒間に 1 回の投稿、1 日あたり 150 人の友だち追加、1 秒間に 5 回の「いいね！」が許可されている場合、各ユーザーに対して 3 つのバケットが必要である
> ‣ IP アドレスに基づいてリクエストを制限する必要がある場合、各 IP アドレスに 1 つのバケットが必要である
> ‣ もしシステムが1秒間に最大10,000のリクエストを許可するなら、すべてのリクエストで共有されるグローバルバケットを持つことは理にかなっている

長所
> ‣ アルゴリズムの実装が簡単
> ‣ メモリ効率が良い
> ‣ トークンバケットは短時間のバーストトラフィックを可能にする。トークンが残っている限り、リクエストは通過できる

短所
> ‣ バケットサイズとトークン補充率という2つのパラメータがあるが、これらを適切に調整するのは難しいかもしれない

リーキーバケットアルゴリズム
　リーキーバケットアルゴリズムは、リクエストの処理速度が一定であることを除けば、トークンバケットと似ています。これは通常、先入れ先出し

（FIFO）のキューで実装されます。このアルゴリズムは次のように動作します。

- リクエストが到着すると、システムはキューが満杯かをチェックする。もし満杯でなければ、リクエストはキューに追加される
- 満杯でなければリクエストはキューに追加され、満杯でなければリクエストは削除される
- リクエストはキューから引き出され、一定時間ごとに処理される

図4-7は、このアルゴリズムの仕組みを説明しています。

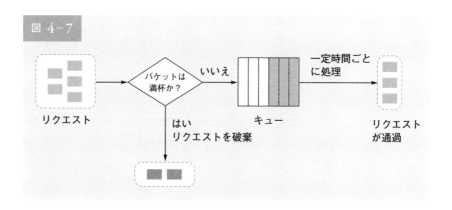

図 4-7

リクエスト → バケットは満杯か？ → いいえ → キュー → 一定時間ごとに処理 → リクエストが通過

はい
リクエストを破棄

リーキーバケットアルゴリズムは、以下の2つのパラメータを取ります。

- **バケットサイズ**：キューサイズに等しい。キューは一定の割合で処理されるリクエストを保持する
- **流出率**：一定の割合で処理できるリクエスト数を定義するもので、通常は秒単位で指定する

EC 企業の Shopify は、リーキーバケットアルゴリズムをレート制限に使用しています [7]。

長所
‣ キューサイズに制限があるため、メモリ効率が良い
‣ リクエストは固定レートで処理されるため、安定した流出レートが必要な
  ユースケースに適している

短所
‣ トラフィックのバーストは古いリクエストでキューを満たし、それらが時
  間内に処理されない場合、新しいリクエストはレート制限される
‣ アルゴリズムには2つのパラメータがある。それらを適切にチューニング
  するのは簡単ではないかもしれない

固定ウィンドウカウンタアルゴリズム

固定ウィンドウカウンタアルゴリズムは、次のように動作します。

‣ このアルゴリズムは、タイムラインを固定サイズのタイムウィンドウに分
  割し、各ウィンドウにカウンタを割り当てる
‣ 各リクエストはカウンターを1つずつ増加させる
‣ カウンタが事前に定義された閾値に達すると、新しいタイムウィンドウが
  始まるまで新しいリクエストは新しいタイムウィンドウが始まるまで落
  とされる

具体的な例を用いて、その仕組みを説明しましょう。図4-8では、時間単
位は1秒で、システムは1秒間に最大3つのリクエストを許可しています。各
秒数ウィンドウにおいて、3つ以上のリクエストを受信した場合、図4-8に示
すように、余分なリクエストは落とされます。

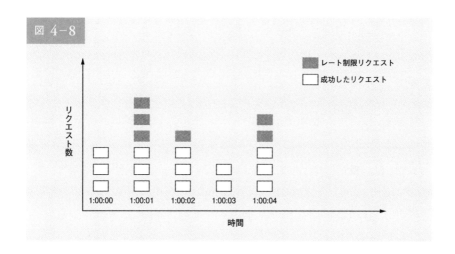

図 4-8

凡例:
レート制限リクエスト
成功したリクエスト

リクエスト数

1:00:00　1:00:01　1:00:02　1:00:03　1:00:04

時間

　このアルゴリズムの大きな問題は、タイムウィンドウの端でトラフィックのバーストが発生すると、許容されるクォータよりも多くのリクエストが通過してしまうことです。次のようなケースを考えてみましょう。

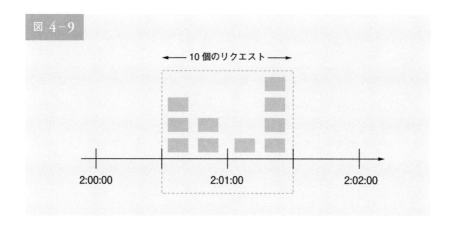

図 4-9

← 10 個のリクエスト →

2:00:00　　　　　　2:01:00　　　　　　2:02:00

　図4-9では、システムは1分間に最大5つのリクエストを許可し、利用可能な割り当ては幸いなことに、おおよそ1分でリセットされます。見ての通り、2時00分00秒から2時01分00秒の間に5つのリクエストがあり、2時01分00秒から2時02分00秒の間にさらに5つのリクエストがあります。2:00:30から2:01:30

までの1分間では、10個のリクエストが通過しました。これは、許可された
リクエストの2倍です。

長所
‣ メモリ効率が良い
‣ 理解しやすい
‣ 単位時間のウィンドウが終了した時点で利用可能な割り当てをリセットす
　ることは、特定のユースケースに適合している

短所
‣ ウィンドウの端におけるトラフィックの急増は、通過する許容割り当てよ
　りも多くの再クエストを引き起こす可能性がある

スライディングウィンドウログアルゴリズム

　前述したように、固定ウィンドウカウンタアルゴリズムには、ウィンドウ
の端でより多くのリクエストを通過させるという大きな問題があります。ス
ライディングウィンドウログアルゴリズムはこの問題を解決します。このア
ルゴリズムは次のように動作します。

‣ アルゴリズムは、リクエストのタイムスタンプを追跡する。タイムスタン
　プのデータは通常、Redis [8] のソートされたセットのようなキャッシュに
　保持される
‣ 新しいリクエストが来たら、古いタイムスタンプをすべて削除する。古い
　タイムスタンプとは、現在のタイムウィンドウの開始時点より古いものを
　指す
‣ 新しいリクエストのタイムスタンプをログに追加する
‣ ログのサイズが許容カウントと同じかそれ以下の場合、リクエストは受け
　入れられる。そうでなければ、拒否される

　図4-10を例に、このアルゴリズムを説明しましょう。

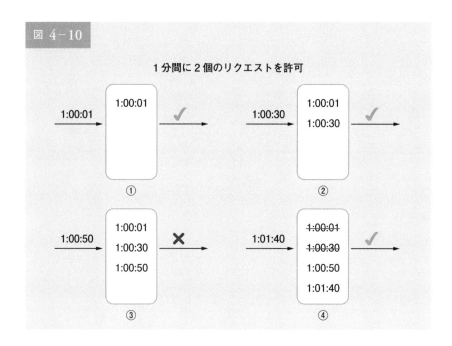

図 4-10

1分間に2個のリクエストを許可

この例では、レートリミッターが1分間に2回のリクエストを許可しています。通常、Linux のタイムスタンプはログに保存されます。ただし、この例では読みやすくするために、人間が読める時間の表現が使われています。

‣ 1:00:01 に新しいリクエストが到着したとき、ログは空である。したがって、そのリクエストは許可される

‣ 新しいリクエストが1:00:30に到着すると、タイムスタンプ1:00:30がログに挿入される。挿入後、ログのサイズは2であり、許容カウントより大きくはない。したがって、このリクエストは許可される

‣ 新しいリクエストは1:00:50に到着し、タイムスタンプがログに挿入される。挿入後、ログのサイズは3であり、許可されたサイズ2より大きい。したがって、このリクエストは、ログにタイムスタンプが残っていても拒否される

‣ 新しいリクエストが1時01分40秒に到着した。[1:00:40,1:01:40) の範囲にあるリクエストは最新の時間枠内だが、1:00:40 より前に送られたリクエス

トは古くなっている。2つの古いタイムスタンプ、すなわち1:00:01と1:00:30はログから削除される。再移動操作の後、ログのサイズは2になるため、リクエストは受け入れられる

‣ このアルゴリズムによって実装されたレート制限は、非常に正確である。どのローリングウィンドウにおいても、リクエストはレート制限を越えることはない

‣ たとえ再探索が拒否されても、そのタイムスタンプがまだメモリに保存されているかもしれないため、このアルゴリズムは多くのメモリを消費する

スライディングウィンドウカウンタアルゴリズム

　スライディングウィンドウカウンタアルゴリズムは、固定ウィンドウカウンタとスライディングウィンドウログを組み合わせたハイブリッドアプローチです。このアルゴリズムは、2つの異なるアプローチで実装できます。本

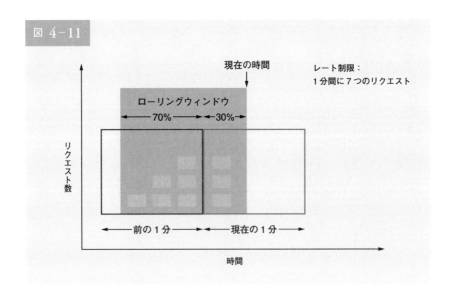

図 4-11

節では一方の実装を説明し、もう一方の実装については本章の最後に文献を紹介します。図4-11に、このアルゴリズムがどのように動作するかを示しました。

レートリミッターが1分間に最大7つのリクエストを許可し、前の1分に5つ、現在の1分に3つのリクエストがあると仮定します。現在の1分の30%の位置に到着した新しいリクエストに対する、ローリングウィンドウ内のリクエスト数は次の式で算出されます。

- 現在のウィンドウのリクエスト数 + 前のウィンドウのリクエスト数 × ローリングウィンドウと前のウィンドウの重なり率
- この式で計算すると、3 + 5 × 0.7% = 6.5 リクエストとなる。ユースケースによって、この数値は切り上げられたり、切り下げられたりすることがある。この例では、6に切り捨てられている

レートリミッターは1分間に最大7つのリクエストを許可するので、現在のリクエストは通過できます。しかし、あと1回リクエストを受けると制限に達します。

スペースの関係で、他の実装についてはここでは触れません。興味のある読者は参考文献［9］を参照してください。またこのアルゴリズムは完璧ではありません。長所と短所があるのです。

長所

- 直前のウィンドウの平均レートに基づいているため、トラフィックのスムーズな急増が可能になる
- メモリ効率が良い

短所

- あまり厳密でないルックバックウィンドウにしか使えない。前のウィンドウのリクエストが均等に分散していると仮定しているため、実際のレートに近接している。しかし、この問題は意外と悪くないかもしれない。Cloudflare の実験によれば [10]、4億のリクエストのうち、間違って許可ま

たはレート制限されたリクエストは0.003%だけである

高度なアーキテクチャ

　レート制限アルゴリズムの基本的な考え方は単純です。高度なレベルでは、同じユーザーやIPアドレスなどから送られたいくつのリクエストを追跡するためのカウンターが必要です。もしカウンターが制限値より大きければ、リクエストは許可されません。

　では、カウンターをどこに保存すればいいのでしょう。データベースを使うのは、ディスクアクセスの遅さから良いアイデアとは言えません。高速で、時間ベースの有効期限戦略をサポートしているインメモリキャッシュを選択しましょう。例えば、Redis [11] はレートリミッターを実装する上での一般的な選択肢であり、2つのコマンドを提供するインメモリ・ストアです。Redisでは、INCRとEXPIREという2つのコマンドを提供します。

- ‣ INCR：格納されたカウンターを1だけ増加させる
- ‣ EXPIRE：カウンターにタイムアウトを設定する。タイムアウトが終了するとカウンターは自動的に削除される

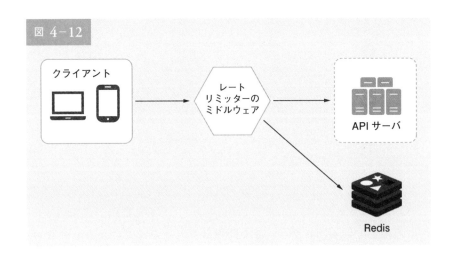

図 4-12

図4-12 にレート制限の上位アーキテクチャを示しますが、これは次のように動作します。

‣ クライアントは、レートリミッティングミドルウェアにリクエストを送信する
‣ レート制限ミドルウェアは、Redis の対応するバケットからカウンターを取得し、上限に達しているかをチェックする
  • リミットに達している場合、リクエストは拒否される
  • リミットに達していない場合、リクエストは API サーバに送信される。その間、システムはカウンターを増加させ、Redis に保存し直す

ステップ 3	設計の深堀り

　図4-12の高度な設計は、次の質問に答えていません。

‣ レート制限のルールはどのように作成されるか。ルールはどこに保存されるか
‣ レート制限されたリクエストをどのように処理するか

　このセクションでは、最初にレート制限のルールに関する質問に答え、次にレート制限されたリクエストを処理するための戦略を説明します。最後に、分散環境におけるレート制限、詳細設計、性能最適化、および監視について説明しましょう。

レート制限ルール

　Lyft は、レート制限のコンポーネントをオープンソース化しました[12]。このコンポーネントの裏側を覗いて、料金制限ルールの例をいくつか見てみましょう。

```
domain: messaging
descriptors:
    - key: message_type
      Value: marketing
      rate_limit:
        unit: day
        requests_per_unit: 5
```

　上記の例では、システムは1日に最大5通のマーケティング・メッセージを許可するように設定されています。もう1つ例をあげましょう。

```
domain: auth
descriptors:
    - key: auth_type
      Value: login
      rate_limit:
        unit: minute
        requests_per_unit: 5
```

　このルールでは、クライアントは1分間に5回以上のログインが許可されていません。ルールは通常、設定ファイルに記述され、ディスクに保存されます。

リクエストがレート制限されている場合、API はクライアントに HTTP レスポンスコード429（too many requests）を返します。ユースケースによっては、レート制限されたリクエストを後で処理するためにキューに入れることがあります。例えば、システムの過負荷によって一部の注文がレート制限された場合、それらの注文を後で処理するために待機させてもいいでしょう。

レートリミッターのヘッダ

クライアントはどのように自分が制限されていることを知るのでしょう。また、クライアントはどのように制限される前に許容される残りのリクエスト数を把握するのでしょう。答えは、HTTP レスポンスヘッダにあります。レートリミッターは以下の HTTP ヘッダをクライアントに返します。

- X-Ratelimit-Remaining：ウィンドウ内で許可される残りのリクエストの数
- X-Ratelimit-Limit：これは、クライアントが1つのタイムウィンドウで行える呼び出しの回数を示す
- X-Ratelimit-Retry-After：制限されずに再びリクエストを行えるようになるまでの待ち時間（秒数）

ユーザーがあまりにも多くのリクエストを送った場合、429 too many requests エラーと X-Ratelimit-Retry-After ヘッダがクライアントに返されます。

詳細設計

図4-13に、システムの詳細設計を示します。

図 4-13

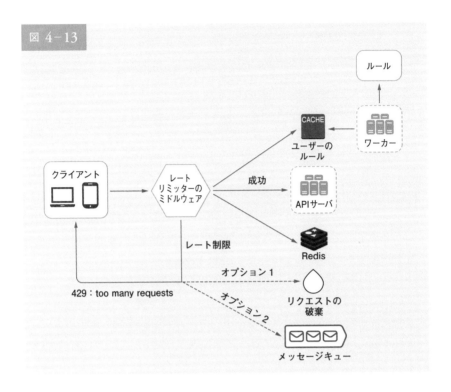

- ⁍ ルールはディスクに保存される。ワーカーは頻繁にディスクからルールを取り出し、キャッシュに保存する
- ⁍ クライアントがサーバにリクエストを送信すると、まずレートリミッターミドルウェアに送られる
- ⁍ レートリミッターミドルウェアは、キャッシュからルールをロードする。Redis キャッシュからカウンターと最終リクエストのタイムスタンプを取得する。そのレスポンスに基づいて、レートリミッターが決定する
  - ● リクエストがレート制限されていない場合、API サーバに転送される
  - ● リクエストがレート制限されている場合、レートリミッターはクライアントに429 too many requests エラーを返す。その間、要求はドロップされるか、キューに転送されるかのどちらかである

分散環境におけるレートリミッター

単一サーバ環境で動作するレートリミッターを構築するのは難しいことではありません。しかし、複数のサーバと同時実行スレッドをサポートするためにシステムを拡張するのは、また別の話です。課題は2つあります。

- レースコンディション
- 同期の問題

レースコンディション

先に述べたように、レートリミッターは高度なレベルで次のように動作します。

- Redis からカウンター値を読み込む
- Redis からカウンター値を読み込み、（カウンター値 + 1）が閾値を超えたかをチェックする
- そうでない場合は、Redis でカウンター値を1だけ増やす

図4-14に示すように、高度な並行処理環境ではレースコンディション発生の可能性があります。

図 4-14

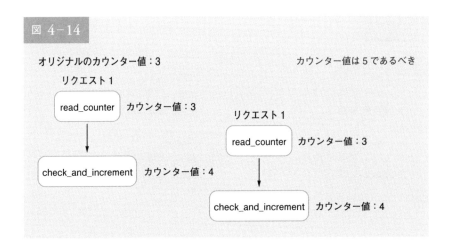

Redisのカウンタ値が3であると仮定します。2つのリクエストが同時にカウンター値を読み、どちらかが値を書き戻す前に、それぞれがカウンターを1つ増やし、他のスレッドをチェックせずに値を書き戻すとします。両方のリクエスト（スレッド）は、自分が正しいカウンター値4を持っていると信じています。しかし、正しいカウンター値は5であるべきです。

ロックは、レースコンディションを解決する上で最もわかりやすい解決策です。しかし、ロックはシステムの速度を著しく低下させます。この問題を解決するために一般に2つの方策が用いられます。すなわち、Lua スクリプト [13] と Redis のソート済みセットデータ構造 [8] です。これらの方策に興味のある読者は、対応する参考資料 [8] [13] を参照してください。

同期の問題

同期もまた、分散環境において考慮すべき重要な要素です。数百万のユーザーをサポートするには、1台のレートリミッター・サーバではトラフィックを処理し切れないかもしれません。複数のレートリミッター・サーバを使用する場合には同期が必要です。たとえば、図4-15の左側では、クライアント1がレートリミッター1にリクエストを送信し、クライアント2がレートリミッター2にリクエストを送信しています。Web 層はステートレスなので、クライアントは図4-15の右側に示すように、異なるレートリミッターに再リクエストを送れます。同期が行われない場合、レートリミッター1にはクラ

図 4-15

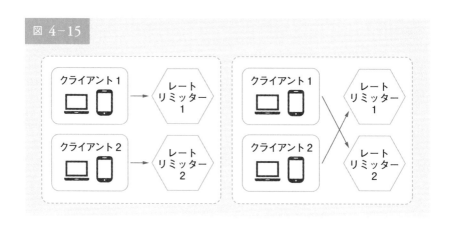

イアント2に関するデータが含まれません。したがって、レートリミッター
は正しく動作しないのです。

　1つの可能な解決策は、クライアントが同じレートリミッターにトラ
フィックを送信できるようにするスティッキーセッションの使用です。この
解決策は、スケーラブルでも柔軟でもないので、推奨されません。より良い
アプローチは、Redisのような集中型データストアを使用することです。そ
の設計を図4-16に示しました。

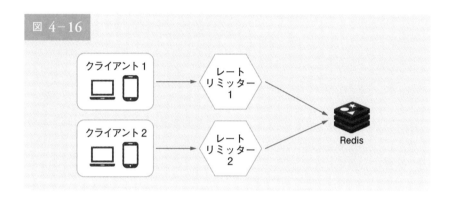

図 4-16

性能の最適化

　性能の最適化は、システム設計の面接試験でよく取り上げられるトピック
です。ここでは、2つの改善点を取り上げます。

　まず、データセンターから離れた場所にいるユーザーのレイテンシーが高
いため、レートリミッターでは複数のデータセンターの設定が重要です。多
くのクラウドサービス・プロバイダーは、世界中に多数のエッジサーバ拠点
を構築しています。例えば、2020年5月20日現在、Cloudflareは194の地理的
に分散したエッジサーバを有しています[14]。トラフィックは自動的に最も
近いエッジサーバにルーティングされ、レイテンシーを低減します。

図 4-17

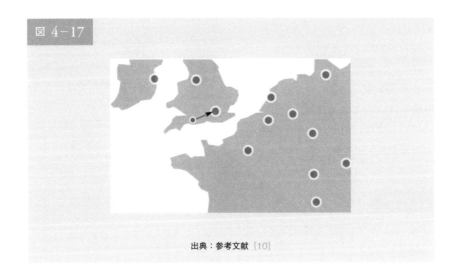

出典：参考文献 [10]

　第2に、最終的な一貫性モデルでデータを同期させます。最終的な一貫性モデルについて不明な点がある場合は、「6章　キーバリューストアの設計」の「一貫性」の項目を参照ください。

モニタリング

　レートリミッターを導入した後、レートリミッターが有効かを確認する上では分析データの収集が重要です。主に確認したいのは以下の通りです。

- レートリミッターのアルゴリズムが有効であること
- レートリミッターのルールが有効か

　例えば、レートリミッターのルールが厳しすぎると、有効なリクエストが多く落とされます。この場合、ルールを少し緩和する必要があります。また、フラッシュセールのようにトラフィックが急増した場合、レートリミッターが効かなくなることに気づきました。このシナリオでは、バーストトラフィックをサポートするためにアルゴリズムを置き換えることが考えられます。この場合、トークンバケットアルゴリズムが適しています。

　この章では、レート制限の様々なアルゴリズムとその長所・短所について
議論しました。取り上げたアルゴリズムは以下の通りです。

‣ トークンバケット
‣ リーキーバケット
‣ 固定ウィンドウカウンタ
‣ スライディングウィンドウログ
‣ スライディングウィンドウカウンタ

　次に、システムアーキテクチャ、分散環境におけるレートリミッター、性
能の最適化、監視について説明しました。システム設計の面接の質問と同様
に、時間が許す限り、追加で言及できる論点があります。

‣ ハードウェアとソフトウェアのレートリミッター
　● ハードウェア：リクエストの数が閾値を超えられない
　● ソフトウェア：短時間であれば、リクエストが閾値を超えることがある
‣ 異なるレベルでのレート制限。この章では、アプリケーションレベル
　（HTTP：レイヤー7）でのレート制限についてのみ話した。他のレイヤー
　でレート制限を適用することは可能である。例えば、Iptables [15]（IP：レ
　イヤー3）を用いて、IPアドレスによるレート制限を行うことができる注）
‣ レート制限を受けないようにする。ベストプラクティスでクライアントを
　設計する
　● 頻繁なAPIコールを避けるためにクライアントキャッシュを使用する
　● クライアントキャッシュを使用して、頻繁なAPIコールを避ける
　● クライアントが例外から優雅に回復できるように、例外やエラーを
　　キャッチするコードを含める
　● 再試行ロジックに十分なバックオフタイムを追加する

注：OSIモデル（Open Systems Interconnection model）は7層構造 [16]。レイヤ1：物理層、レイヤ2：デー

タリンク層、レイヤ3：ネットワーク層、レイヤ4：トランスポート層、レイヤ5：セッション層、レイヤ6：プレゼンテーション層、レイヤ7：アプリケーション層

　ここまで来られた方、おめでとうございます。さあ、自分をほめてあげてください。よくやったと。

参 考 文 献 ─────────────────────────────────────

[1]   Rate-limiting strategies and techniques: https://cloud.google.com/solutions/rate-limiting-strategies-techniques

[2]   Twitter rate limits: https://developer.twitter.com/en/docs/basics/rate-limits

[3]   Google docs usage limits: https://developers.google.com/docs/api/limits

[4]   IBM microservices: https://www.ibm.com/cloud/learn/microservices

[5]   Throttle API requests for better throughput: https://docs.aws.amazon.com/apigateway/latest/developerguide/ api-gateway-request-throttling.html

[6]   Stripe rate limiters: https://stripe.com/blog/rate-limiters

[7]   Shopify REST Admin API rate limits: https://help.shopify.com/en/api/reference/rest-admin-api-rate-limits

[8]   Better Rate Limiting With Redis Sorted Sets: https://engineering.classdojo.com/blog/2015/02/06/rolling-rate-limiter/

[9]   System Design — Rate limiter and Data modelling: https://medium.com/@saisandeepmopuri/system-design-rate-limiter- and-data-modelling-9304b0d18250

[10] How we built rate limiting capable of scaling to millions of domains: https://blog.cloudflare.com/counting-things-a-lot-of-different-things/

[11] Redis website: https://redis.io/

[12] Lyft rate limiting: https://github.com/lyft/ratelimit

[13] Scaling your API with rate limiters: https://gist.github.com/ptarjan/e38f45f2dfe601419ca3af937fff-574d#request-rate-limiter

[14] What is edge computing: https://www.cloudflare.com/learning/serverless/glossary/what-is- edge-computing/

[15] Rate Limit Requests with Iptables: https://blog.programster.org/rate-limit-requests-with-iptables

[16] OSI model: https://en.wikipedia.org/wiki/OSI_model#Layer_architecture

4章 レートリミッターの設計

5章 コンシステントハッシュの設計

　水平スケーリングを実現するには、サーバ間で効率よく均等にリクエスト／データを分散させることが重要です。コンシステントハッシュは、この目標を達成するためによく使われる技術です。しかし、まずは以下の問題を詳しく見てみましょう。

再ハッシュ問題

　キャッシュサーバが n 台ある場合、負荷分散させる一般的な方法として、以下のようなハッシュ方式があります。

serverIndex = hash(key) % N
N = サーバプールの大きさ

　どのように動作するか、例を用いて説明しましょう。表5-1に示すように、4台のサーバと8個の文字列キーとそのハッシュがあります。

表 5−1

キー	ハッシュ	ハッシュ %4	キー	ハッシュ	ハッシュ %4
キー 0	18358617	1	キー 4	34085809	1
キー 1	26143584	0	キー 5	27581703	3
キー 2	18131146	2	キー 6	38164978	2
キー 3	35863496	0	キー 7	22530351	3

あるキーが保存されているサーバを取り出すには、モジュール演算 *f(key)* %4 を実行します。例えば、*hash(key0) % 4 = 1* の場合、クライアントはキャッシュされたデータを取得するためにサーバ1に連絡する必要があることを意味します。図5-1は、表5-1に基づくキーの分布を示したものです。

図 5−1

サーバインデックス = ハッシュ %4

サーバインデックス	0	1	2	3
サーバ	サーバ 0	サーバ 1	サーバ 2	サーバ 3
キー	キー 1 キー 3	キー 0 キー 4	キー 2 キー 6	キー 5 キー 7

この方法は、サーバプールのサイズが一定で、データの分布が均一な場合にはうまく機能します。しかし、新しいサーバが追加されたり、既存のサーバが削除されたりすると、問題が発生します。例えば、サーバ1がオフラインになった場合、サーバプールのサイズは3です。同じハッシュ関数を使えば、キーに対するハッシュ値も同じになります。しかし、剰余演算を適用すると、サーバの数が1つ減るので、異なるサーバインデックスが得られます。ハッシュ 3% を適用した結果を、表5-2に示します。

表 5−2

キー	ハッシュ	ハッシュ %3	キー	ハッシュ	ハッシュ %3
キー 0	18358617	0	キー 4	34085809	1
キー 1	26143584	0	キー 5	27581703	0
キー 2	18131146	1	キー 6	38164978	1
キー 3	35863496	2	キー 7	22530351	0

図5-2に、表5-2に基づく新しいキーの配分を示します。

図 5-2

サーバインデックス = ハッシュ %3

サーバインデックス	0		1	2
サーバ	サーバ0	サーバ1	サーバ2	サーバ3
キー	キー0 キー1 キー5 キー7		キー2 キー4 キー6	キー3

図5-2に示すように、オフラインのサーバ（サーバ1）に元々保存されていたキーだけでなく、ほとんどのキーが再配布されます。つまり、サーバ1がオフラインになると、ほとんどのキャッシュクライアントはデータを取得するために誤ったサーバに接続することになり、キャッシュミスの嵐となるのです。コンシステントハッシュは、この問題を軽減する効果的な手法です。

コンシステントハッシュ

Wikipediaによれば、「コンシステントハッシュは、ハッシュテーブルのサイズが変更されてコンシステントハッシュが使用された場合、平均してk/n個のキーしか再マッピングする必要がない特殊なハッシュである。これに対し、従来のほとんどのハッシュテーブルでは、配列のスロット数が変わると、ほぼすべてのキーが再マッピングされることになる[1]」。

ハッシュ空間とハッシュリング

コンシステントハッシュの定義が理解できたところで、その仕組みを見て

いきましょう。ハッシュ関数 f として SHA-1 を用い、ハッシュ関数の出力範囲を $x0$、$x1$、$x2$、$x3$……、xn と仮定します。つまり、$x0$ は0に、xn は 2^{160-1} に対応し、中間のハッシュ値は0と 2^{160-1} の間に位置します。図5-3に、ハッシュ空間を示します。

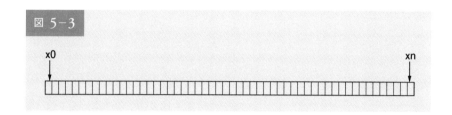

図 5-3

両端を接続すると、図5-4に示すようなハッシュリングになります。

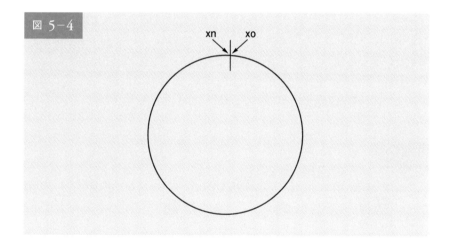

図 5-4

ハッシュサーバ

　同じハッシュ関数 f を用いて、サーバ IP または名前に基づくサーバをリングにマッピングします。図5-5は、4台のサーバがハッシュリングにマッピングされていることを示しています。

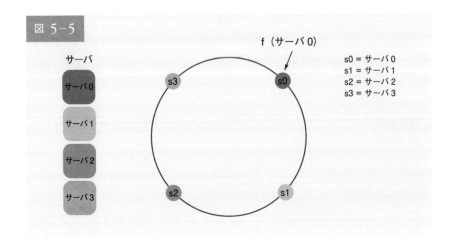

図 5-5

サーバ

サーバ 0
サーバ 1
サーバ 2
サーバ 3

f（サーバ 0）

s3   s0

s2   s1

s0 = サーバ 0
s1 = サーバ 1
s2 = サーバ 2
s3 = サーバ 3

ハッシュキー

　特筆すべきは、ここで使われているハッシュ関数が「再ハッシュ問題」の関数とは異なること、そして剰余演算がないことです。図5-6に示すように、4つのキャッシュキー（キー 0、キー 1、キー 2、キー 3）がハッシュのリングにハッシュ化されます。

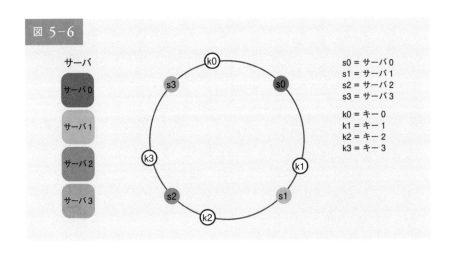

図 5-6

サーバ

サーバ 0
サーバ 1
サーバ 2
サーバ 3

k0
s3   s0
k3   k1
s2   s1
k2

s0 = サーバ 0
s1 = サーバ 1
s2 = サーバ 2
s3 = サーバ 3

k0 = キー 0
k1 = キー 1
k2 = キー 2
k3 = キー 3

サーバの探索

　キーがどのサーバに保存されているかを調べるには、リング上のキーの位置から時計回りに、サーバが見つかるまで移動します。図5-7はこのプロセスを説明しています。時計回りに、キー 0はサーバ0に、キー 1はサーバ1に、キー 2はサーバ2に、キー 3はサーバ3に格納されます。

図 5-7

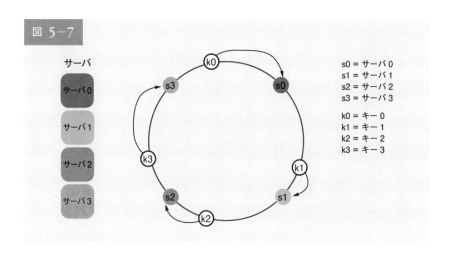

サーバの追加

　上記のロジックにより、新しいサーバを追加する場合、一部のキーの再分配のみが必要となります。

　図5-8では、新サーバ4が追加された後、キー 0のみ再配布が必要であり、*k1*、*k2*、*k3*は同じサーバに残っています。このロジックを詳しく見てみましょう。サーバ4が追加される前、キー 0はサーバ0に格納されていましたが、サーバ4はキー 0のリング上の位置から時計回りで数えた最初のサーバであるため、キー 0はサーバ4に格納されることになります。他のキーはコンシステントハッシュののアルゴリズムに基づいて再分配されることはありません。

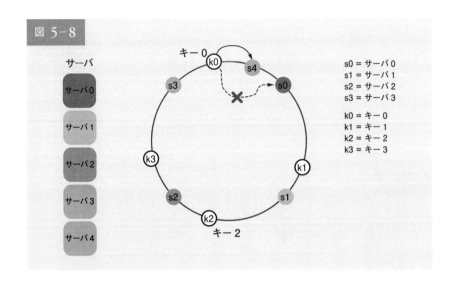

図 5-8

サーバ

サーバ 0
サーバ 1
サーバ 2
サーバ 3
サーバ 4

キー 0

s0 = サーバ 0
s1 = サーバ 1
s2 = サーバ 2
s3 = サーバ 3

k0 = キー 0
k1 = キー 1
k2 = キー 2
k3 = キー 3

キー 2

サーバの削除

　サーバが削除された場合、コンシステントハッシュで再割り当てが必要な
キーはごく一部です。図5-9では、サーバ1が移動した場合、キー1だけをサー
バ2に再マッピングする必要があります。残りのキーは影響を受けません。

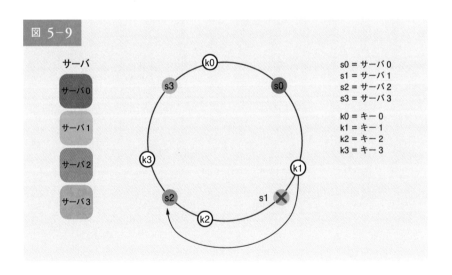

図 5-9

サーバ

サーバ 0
サーバ 1
サーバ 2
サーバ 3

s0 = サーバ 0
s1 = サーバ 1
s2 = サーバ 2
s3 = サーバ 3

k0 = キー 0
k1 = キー 1
k2 = キー 2
k3 = キー 3

基本的なアプローチにおける2つの問題点

コンシステントハッシュ・アルゴリズムは、MIT のカーガーらによって
紹介されました [1]。基本的な手順は以下の通りです。

‣ 均一な分散ハッシュ関数を用いて、サーバとキーをリングにマッピングす
  る
‣ あるキーがどのサーバにマッピングされているかを知るには、キーの位置
  から時計回りにリング上の最初のサーバを見つけるまで移動する

この方法には2つの問題があります。まず、サーバの追加や削除を考慮す
ると、すべてのサーバでリング上のパーティションサイズを同じにすること
は不可能です。パーティションとは、隣接するサーバ間のハッシュ空間です。
各サーバに割り当てられたリング上のパーティションサイズは、非常に小さ
いことも、かなり大きいこともあり得ます。図5-10では、*s1*が削除された場合、
*s2*のパーティション（双方向矢印で強調表示）は *s0*と *s3*のパーティション
の2倍の大きさになっています。

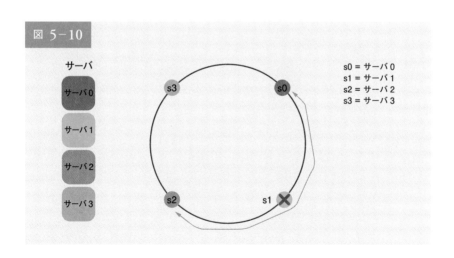

図 5-10

第2に、リング上のキーの分布が不均一になる可能性があります。例えば、図5-11のような位置にサーバをマッピングした場合、ほとんどのキーはサーバ2に格納されますが、サーバ1、サーバ3にはデータがありません。

図 5-11

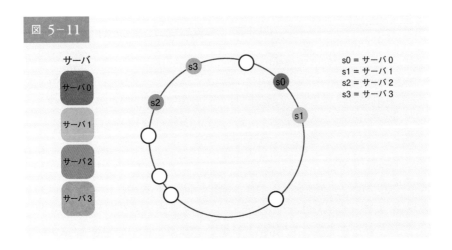

　これらの問題を解決するために、仮想ノードやレプリカと呼ばれる技術が使われています。

仮想ノード

　仮想ノードとは実ノードのことであり、各サーバはリング上の複数の仮想ノードで表現されます。図5-12では、サーバ0とサーバ1の両方が3つの仮想ノードを持ちます。3つの仮想ノードは任意に選んだものであり、現実のシステムではもっと多くの仮想ノードが存在します。$s0$を使う代わりに、$s0\_0$、$s0\_1$、$s0\_2$でリング上のサーバ0を表現します。同様に、$s1\_0$、$s1\_1$、$s1\_2$ はリング上のサーバ1を表します。仮想ノードの場合、各サーバは複数のパーティションを担当します。ラベル $s0$ のパーティション（エッジ）はサーバ0が管理し、ラベル $s1$ のパーティションはサーバ1が管理するのです。

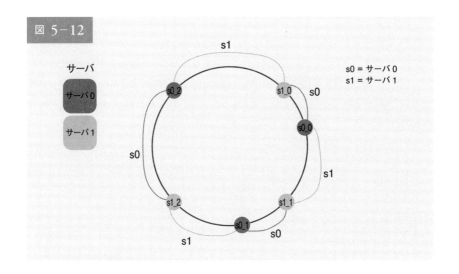

図5-12

サーバ

サーバ0

サーバ1

s0 = サーバ0
s1 = サーバ1

　キーがどのサーバに格納されているかを調べるには、キーの位置から時計回りに進み、リング上で最初に出会った仮想ノードを見つけます。図5-13では、*k0*がどのサーバに格納されているかを把握するため、*k0*の位置から時計回りに進み、サーバ1を指す仮想ノード *s1_1* を見つけます。

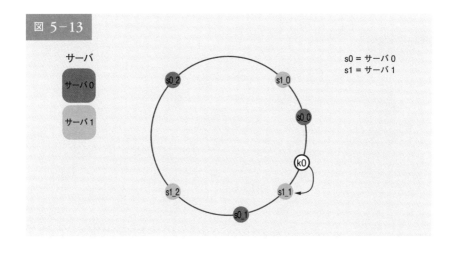

図5-13

サーバ

サーバ0

サーバ1

s0 = サーバ0
s1 = サーバ1

　仮想ノードの数が増えると、キーの分布はさらにバランスが良くなりま

5章　コンシステントハッシュの設計

す。これは、仮想ノードの数が増えるほど標準偏差が小さくなり、バランスの取れたデータ分布になるためです。標準偏差とは、データの広がり具合を表すものです。オンラインリサーチ[2] の実験結果によると、100～200の仮想ノードの場合、標準偏差は平均値の5%（200仮想ノード）～10%（100仮想ノード）であることがわかっています。仮想ノードの数を増やせば、標準偏差は小さくなります。しかし、仮想ノードに関するデータを保存するためのスペースがより多く必要になるでしょう。つまり、トレードオフの関係にあり、システム要件に合わせて仮想ノードの数を調整できるのです。

影響を受けるキーの探索

サーバの追加や削除があった場合、データの一部を再分配する必要があります。キーを再分配するために、どのように影響範囲を見つけられるのでしょうか。

図5-14では、サーバ4がリングに追加されました。影響範囲は *s4*（新規追加ノード）から始まり、リングを反時計回りに移動し、サーバ（*s3*）が見つかるまでです。したがって、*s3* と *s4* の間にあるキーは *s4* に再分配される必要があります。

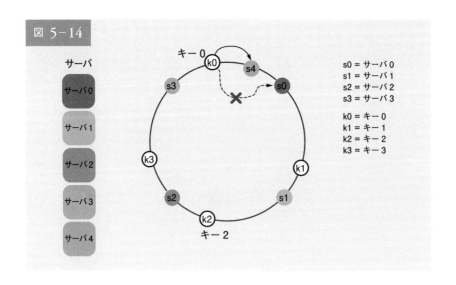

図 5-14

図5-15のようにサーバ（s1）が削除されると、影響を受ける範囲はs1（削除されたノード）から始まり、サーバが見つかる（s0）までリングを反時計回りに移動します。したがって、s0とs1の間にあるキーはs2に再分配されなければなりません。

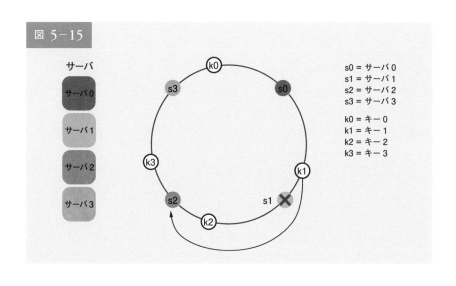

図 5-15

サーバ

サーバ0
サーバ1
サーバ2
サーバ3

s0 = サーバ 0
s1 = サーバ 1
s2 = サーバ 2
s3 = サーバ 3

k0 = キー 0
k1 = キー 1
k2 = キー 2
k3 = キー 3

まとめ

　この章では、コンシステントハッシュについて、なぜそれが必要なのか、どのように機能するのかなどを詳しく説明しました。コンシステントハッシュのメリットは以下の通りです。

▶ サーバの追加・削除時に最小化したキーを再分配できる
▶ データが均等に分散されるため、水平スケーリングが容易である
▶ ホットスポット・キー問題を緩和する。特定のシャードへの過剰なアクセスは、サーバの過負荷を引き起こす可能性がある。例えば、ケイティ・ペリー、ジャスティン・ビーバー、レディー・ガガのデータがすべて同じシャード上にある場合を想像してほしい。コンシステントハッシュは、

データをより均等に分散させることで、この問題を軽減するのに役立つ

コンシステントハッシュは実世界のシステムで広く使われており、その中には有名なものもあります。

- Amazon の Dynamo データベースのパーティショニングコンポーネント [3]
- Apache Cassandra のクラスタ全体のデータパーティショニング [4]
- Discord のチャットアプリケーション [5]
- Akamai のコンテンツデリバリネットワーク [6]
- Maglev ネットワークのロードバランサ [7]

ここまで来られた方、おめでとうございます。さあ、自分をほめてあげてください。よくやったと。

参 考 文 献

[1]　Consistent hashing: https://en.wikipedia.org/wiki/Consistent_hashing

[2]　Consistent Hashing: https://tom-e-white.com/2007/11/consistent-hashing.html

[3]　Dynamo: Amazon's Highly Available Key-value Store: https://www.allthingsdistributed.com/files/amazon-dynamo- sosp2007.pdf

[4]　Cassandra - A Decentralized Structured Storage System: http://www.cs.cornell.edu/Projects/ladis2009/papers/Lakshman- ladis2009.PDF

[5]　How Discord Scaled Elixir to 5,000,000 Concurrent Users: https://blog.discord.com/scaling-elixir-f9b8e1e7c29b

[6]　CS168: The Modern Algorithmic Toolbox Lecture #1: Introduction and Consistent Hashing: http://theory.stanford.edu/~tim/s16/l/l1.pdf

[7]　Maglev: A Fast and Reliable Software Network Load Balancer: https://static.googleusercontent.com/media/research.google.com/en// pubs/archive/44824.pdf

5章　コンシステントハッシュの設計

6 章 キーバリューストアの設計

　キーバリューストアは、キーバリューデータベースとも呼ばれる非リレーショナルデータベースです。各々固有の識別子をキーとして、そのキーに関連付けられた値を格納します。このデータの組合せは「キーバリュー」ペアと呼ばれます。

　キーと値のペアでは、キーは一意でなければならず、キーに関連付けられた値はキーを介してアクセスできます。キーはプレーンテキストでもハッシュ化された値でも構いません。パフォーマンス上の理由から、短いキーがより効果的です。キーはどのようなものでしょう。以下にいくつかの例を示します。

▸ プレーンテキストのキー："last_logged_in_at"
▸ ハッシュキー：253DDEC4

　キーバリューペアの値としては、文字列、リスト、オブジェクトなどが使用できます。Amazon dynamo[1]、Memcached[2]、Redis[3] などのキーバリューストアでは、値は通常、不透明なオブジェクトとして扱われます。

　以下は、キーバリューストアにおけるデータの断片です。

表 6-1

キー	バリュー
145	john
147	bob
160	julia

本章では、以下の操作をサポートするキーバリューストアを設計するように求められています。

- put(key, value) // "キー" に関連する "バリュー" を挿入する
- get(key) // "キー" に関連付けられた "バリュー" を取得する

問題を理解し、設計範囲を明確にする

完璧な設計は存在しません。それぞれの設計は、読み取り、書き込み、メモリ使用量のトレードオフを特定のバランスで達成します。一貫性と可用性の間でも、トレードオフが達成されなければなりません。本章では、以下の特徴を備えるキーバリューストアを設計しましょう。

- キーバリューペアのサイズが小さいこと：10KB 以下
- ビッグデータの保存が可能であること
- 高可用性：障害発生時でも迅速にレスポンス
- 高いスケーラビリティ：大規模なデータセットにも対応できる拡張性
- オートスケーリング：トラフィックに応じて自動でサーバの追加・削除
- 整合性の調整が可能であること
- 低レイテンシー

単一サーバのキーバリューストア

1台のサーバ上に置かれたキーバリューストアの開発は簡単です。直感的なアプローチであれば、ハッシュテーブルにキーバリューペアを格納し、すべてをメモリ内に保持すればいいでしょう。しかし、メモリアクセスは高速でも、容量的な制約から、すべてをメモリに格納することは不可能です。より多くのデータを1台のサーバに格納するため、2つの最適化が可能でしょう。

- データ圧縮
- 使用頻度の高いデータのみをメモリに保存し、残りはディスクに保存すること

これらの最適化を行ったとしても、シングルサーバは急速に大容量に達することがあります。ビッグデータに対応するには、分散型キーバリューストアが必要なのです。

分散型キーバリューストア

分散キーバリューストアは分散ハッシュテーブルとも呼ばれ、キーバリューペアを多数のサーバに分散して配置します。分散システムを設計する場合、CAP（一貫性 = **C**onsistency、可用性 = **A**vailability、分断耐性 = **P**artition Tolerance）定理の理解が重要になります。

CAP定理

CAP 定理とは、分散システムにおいて、一貫性、可用性、分割耐性の3つを同時に保証するのは不可能であるとするものです。ここで、簡単に定義しておきましょう。

一貫性：どのノードに接続しても、すべてのクライアントが同じデータを同時に見られること
可用性：一部のノードがダウンしても、データを要求したクライアントが再レスポンスを得られること。
分断耐性：分断とは、2つのノード間で通信が途絶していること。分断耐性とは、ネットワークの分断があっても、システムが動作し続けること

CAP の定理では、図 6-1 のように、3つの特性のうち 2つをサポートするには、1つを犠牲にしなければならないとしています。

図 6-1

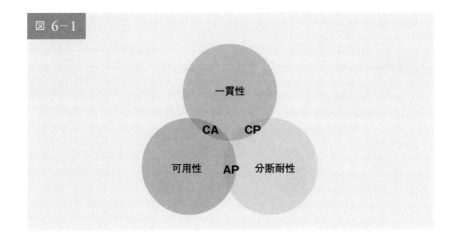

現在、キーバリューストアは2つのCAP特性によって分類されます。

CP（一貫性と分断耐性）システム：CP キーバリューストアは、可用性を犠牲にしながら、一貫性と分断耐性をサポートする

AP（可用性と分断耐性）システム：AP キーバリューストアは、一貫性を犠牲にしながら、可用性と分断耐性をサポートする

CA（一貫性と可用性）システム：CA キーバリューストアは、分断耐性を犠牲にしながら、一貫性と可用性をサポートする。ネットワーク障害は避けられないため、分散システムはネットワークの分断を許容する必要がある。したがって、CA システムは実世界のアプリケーションには存在し得ない

　以上が、ほぼ定義です。理解のために、具体例を見ましょう。分散システムにおいて、データは通常複数回複製されます。図6-2のように、3つの複製ノード *n1*、*n2*、*n3* にデータが複製されるとします。

理想的な状況

　理想的には、ネットワークの分断が発生することはありません。*n1* に書き込まれたデータは自動的に *n2* と *n3* に複製され、一貫性と可用性の両方が達

6 章　キーバリューストアの設計

成されます。

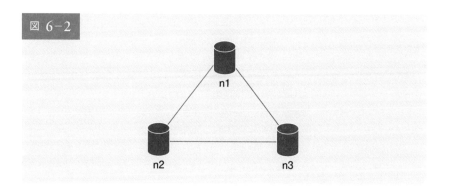

図 6-2

実世界の分散システム

　分散システムでは分断は回避できず、分断が発生した場合、一貫性と可用性のどちらかを選択しなければなりません。図6-3では、*n3*がダウンし、*n1*、*n2*と通信できなくなります。クライアントが*n1*や*n2*にデータを書き込んでも、*n3*にはデータが伝搬しません。もし、*n3*にデータが書き込まれても、*n1*と*n2*にまだ伝搬されていなければ、*n1*と*n2*は古いデータを持っていることになります。

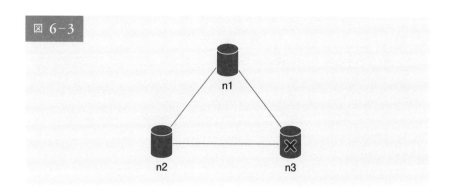

図 6-3

もし、可用性より一貫性を選んだ場合（CP システム）、これら3つのサーバ間でのデータの不整合を避けるため、*n1*と *n2*への書き込み操作をすべてブロックしなければならず、システムが利用できなくなります。銀行のシステムは通常、極めて高い一貫性が求められます。例えば、銀行システムにとって、最新の残高表示は極めて重要です。ネットワークの分断が原因で不整合が発生した場合、銀行システムは不整合が解消される前にエラーを返します。

　しかし、一貫性よりも可用性を優先する場合（AP システム）、システムは古いデータを返すかもしれませんが、読み込みを受け付け続けます。書き込みの場合、*n1*と *n2*は書き込みを受け付け続け、ネットワークの分断が解消された時点で *n3*にデータが同期されます。

　ユースケースに合わせて適切な CAP 保証を選択することは、分散キーバリューストアを構築する上で重要なステップとなります。面接官と相談しながら、それに応じた設計をすればいいのです。

システム構成要素

　このセクションでは、キーバリューストアを構築するために使用する以下のコアとなる構成要素とテクニックを説明します。

- データの分割
- データの複製
- 一貫性
- 不整合の解消
- 障害対応
- システム構成図
- 書込みパス
- 読込みパス

　以下の内容は、主に3つの有名なキーバリューストアのシステムに基づいています。すなわち、Dynamo [4]、Cassandra [5]、BigTable [6] です。

データの分割

大規模なアプリケーションの場合、1台のサーバにデータ全体を収めることは不可能です。最もシンプルな方法は、データをより小さなパーティションに分割し、複数のサーバに格納することでしょう。しかし、データの分割には2つの課題があります。

- 複数のサーバにデータを均等に分散させること
- ノードの追加や削除に伴うデータの移動を最小限に抑えること

5章で説明した一貫性ハッシュは、これらの問題を解決するための優れた技術です。ここで、コンシステントハッシュの仕組みを大まかに再確認しておきましょう。

- まず、サーバをハッシュリング上に配置する。図 6-4 では、*s0*、*s1*、……*s7* で表される 8 台のサーバがハッシュリング上に配置されている
- 次に、キーが同じリングにハッシュ化され、時計回りに移動しながら最初に出会ったサーバに格納される。例えば、キー 0はこのロジックで s1に格納される

図 6-4

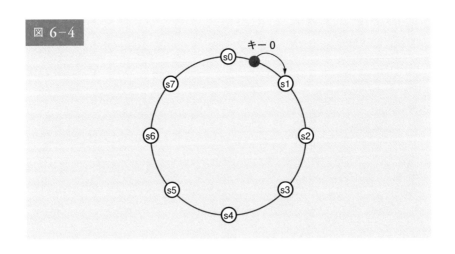

データの分割にコンシステントハッシュを使用することには、以下のようなメリットがあります。

オートスケーリング：負荷に応じてサーバを自動的に追加・削除できる
不均一性：サーバの仮想ノード数は、サーバの容量に比例する。例えば、容量が大きいサーバには、より多くの仮想ノードが割り当てられる

データの複製

高い可用性と信頼性を実現するには、データを N 台のサーバに非同期で複製する必要があります。この N 台のサーバは以下のロジックにより、選択されます。すなわち、キーがハッシュリング上のある位置にマップされた後、その位置から時計回りに進み、リング上にある最初の N 個のサーバを選んで複製データを保存するのです。図6-5（$N = 3$）では、キー 0は *s1*、*s2*、*s3*で複製されています。

図 6−5

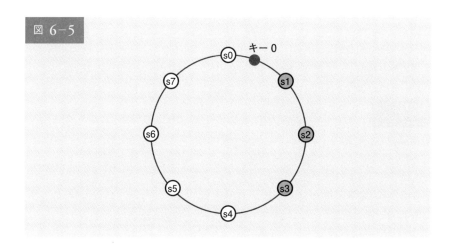

仮想ノードの場合、リング上の最初の N 個のノードは、N 個以下の物理サーバ上にある可能性があります。この問題を回避するため、時計回りの進行ロジックを実行する際に、固有のサーバーのみを選択します。

同じデータセンター内のノードは、停電、ネットワークの問題、自然災害などにより、しばしば同時に故障します。信頼性を高めるため、複製データは別々のデータセンターに配置され、データセンター間は高速ネットワークで接続されているのです。

一貫性

　データは複数のノードに複製されるため、複製データ間を同期する必要があります。クォーラムコンセンサス（Quorum consensus）は、読込みと書込みの両方において一貫性を保証します。まず、いくつかをきちんと定義しましょう。

N = 複製データの数
W = サイズ W の書込みクォーラム。書込みが成功したら、W 個の複製データから書込みを確認する必要がある
R = サイズ R のリードクォーラム。読込みが成功したら、少なくとも R 個の複製データからのレスポンスを待つ必要がある

　図6-6に示す N=3の例で考えてみましょう.

図 6−6

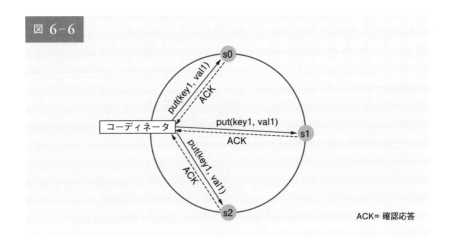

ACK= 確認応答

$W = 1$は、1台のサーバへのデータ書き込みを意味しません。例えば、図6-6の構成では、$s0$、$s1$、$s2$でデータが複製されます。$W = 1$は、コーディネータが少なくとも1つの確認レスポンスを受信しなければ、書き込み操作が成功したとみなされないことを意味します。たとえば、$s1$から確認レスポンスがあれば、$s0$と$s2$からの確認レスポンスを待つ必要はなくなります。コーディネータは、クライアントとノード間のプロキシとして機能するのです。

W、R、Nの構成は、レイテンシーと一貫性との典型的なトレードオフです。$W = 1$または$R = 1$の場合、コーディネータはいずれかの複製データからのレスポンスを待つだけで良いため、操作は迅速に返されます。Wまたは$R>1$の場合、システムはより優れた一貫性を提供しますが、コーディネータは最も遅い複製データからのレスポンスを待つ必要があるため、クエリは遅くなります。

$W + R > N$の場合、最新のデータを持つ重複ノードが少なくとも1つ存在する必要があるため、強い一貫性が保証されます。

ユースケースに合わせて N、W、R をどのように設定すればいいのでしょう。以下に可能な設定を示します。

$R = 1$、$W = N$の場合：システムは高速読み出しに最適化されている

$W = 1$、$R = N$の場合：システムは高速書き込みに最適化される

$W + R > N$の場合：強い一貫性が保証される（通常 $N = 3$、$W = R = 2$）

$W + R <= N$の場合：強い一貫性は保証されない

要件に応じて、W、R、Nの値を調整し、望ましいレベルの一貫性を実現できるのです。

一貫性モデル

一貫性モデルは、キーバリューストアを設計する際に考慮すべきもう1つの重要な要素です。一貫性モデルとはデータの一貫性の程度を定義するものであり、幅広い一貫性モデルが存在します。

▸ **強い一貫性**：どのような読み取り操作でも、最も更新された書き込みデー

タ項目の結果に対応する値が返される。クライアントは古いデータを見ることはない

‣ **弱い一貫性**：後続の読み取り操作では、最も更新された値が見えないことがある

‣ **最終的な一貫性**：これは弱い一貫性の特定の形である。十分な時間があれば、すべての更新が伝搬され、すべての複製データが一貫性を持つ

　強い一貫性は、通常、すべての複製データが現在の書き込みに合意するまで、新しい読み取り／書き込みを受け付けないようにすることで実現されます。この方法は、新しい操作をブロックしてしまう可能性があるため、高可用性のシステムには向いていません。Dynamo と Cassandra は最終的な一貫性の一貫性モデルを採用しており、これはキーバリューストアに推奨されます。同時書き込みから、最終的な一貫性により、一貫性のない値がシステムに入ると、クライアントが値を読み調整することが余儀なくされます。次のセクションでは、バージョン管理による照合がどのように機能するかを説明しましょう。

不整合の解消：バージョン管理

　レプリケーションは高可用性を実現するが、複製データ間で不整合が生じます。この不整合を解消する上で使用されるのが、バージョン管理とベクタークロックです。バージョン管理とは、すべてのデータ修正を新しい不変のデータバージョンとして扱うことです。バージョン管理について説明する前に、不整合がどのように発生するのかを例を使って説明します。

　図6-7に示すように、複製ノード *n1* と *n2* の両方が同じ値を持ちます。この値を元の値と呼ぶことにします。サーバ1とサーバ2は、*get("name")* 操作で同じ値を取得します。

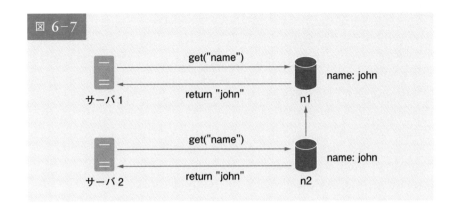

図 6-7

次に、図6-8に示すように、サーバ1は "johnSanFrancisco" に、サーバ2は "johnNewYork" に名前を変更します。この2つの変更は同時に行われます。これで、バージョン *v1*、*v2*という異なる値を持つようになりました。

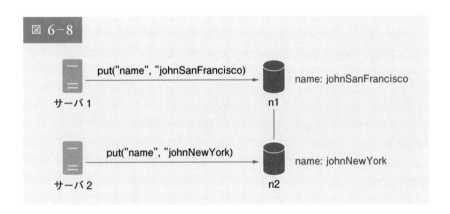

図 6-8

この例では、変更前の値をベースにしているため、元の値を無視できます。しかし、最後の2つのバージョンの不整合を解決する明確な方法はありません。この問題を解決するには、不整合を検出し、調整できるバージョン管理システムが必要です。この問題を解決するための一般的な手法として、ベクタークロックがあります。ベクタークロックがどのように機能するかを見てみましょう。

ベクタークロックは、データ項目に関連づけられた [サーバ , バージョン]

のペアであり、あるバージョンが先行するか、後続するか、互いに不整合か
をチェックするために使用されます。

　ベクタークロックは *D([S1, v1], [S2, v2], ..., [Sn, vn])* で表され、*D* はデータ
アイテム、*v1*はバージョンカウンタ、*s1*はサーバ番号などであると仮定しま
す。データ項目 *D* がサーバ *Si* に書き込まれた場合、システムは以下のタス
クのいずれかを実行する必要があります。

‣ *[Si, vi]* が存在する場合には、*vi* をインクリメントする
‣ そうでなければ、新しいエントリ *[Si, 1]* を作成する

　以上の抽象的なロジックを、図6-9に示す具体例で説明しましょう。

図 6-9

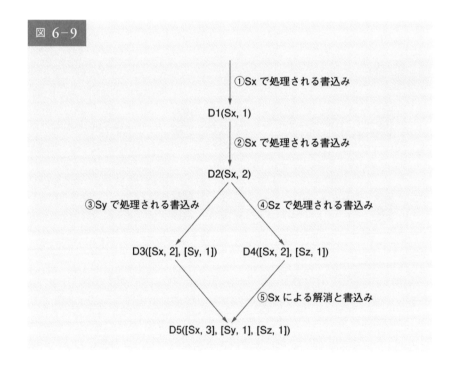

1. クライアントがシステムにデータ項目 *D1* を書き込むと、サーバ *Sx* により、その書き込みがハンズオンで行われる。サーバ *Sx* はベクタークロック *D1[(Sx, 1)]* を持つようになる

2. 別のクライアントが最新の *D1* を読み込んで、*D2* に更新し、それを書き込む。*D2* は *D1* から降順なので、*D1* を上書きする。この書き込みが同じサーバ *Sx* で処理されると仮定すると、このサーバは現在ベクタークロック *D2([Sx, 2])* を持つ

3. 別のクライアントが最新の *D2* を読み込み、*D3* に更新し、それを書き込む。この書き込みは、現在ベクタークロック *D3([Sx, 2], [Sy, 1])* を持つサーバ *Sy* によって処理されると仮定する

4. 別のクライアントが最新の *D2* を読み込み、*D4* に更新し、それを書き込む。この書き込みはサーバ *Sz* によって処理され、サーバ *Sz* は現在 *D4([Sx, 2], [Sz, 1]))* を持っていると仮定する

5. 別のクライアントが *D3* と *D4* を読み込むと、データ項目 *D2* が *Sy* と *Sz* の両方によって変更されたことによる不整合が発見される。この不整合はクライアントによって解消され、更新されたデータがサーバに送信される。書き込みは *Sx* によって処理され、*D5([Sx, 3], [Sy, 1], [Sz, 1])* となったと仮定する。不整合を検出する方法については、後ほど説明する

ベクタークロックを使用すると、*Y* のベクタークロックにおける各データのバージョンカウンタがバージョン *X* 以上であれば、バージョン *X* がバージョン *Y* の先祖である（すなわち不整合がない）ことが簡単にわかります。例えば、ベクタークロック *D([s0, 1], [s1, 1])]* は *D([s0, 1], [s1, 2])* の先祖であり、不整合は記録されません。

同様に、*Y* のベクタークロックに、*X* に対応するカウンターより小さいカウンターを持つデータがあれば、あるバージョン *X* が *Y* の兄弟である（すなわち、不整合が存在する）とわかります。例えば、*D([s0, 1], [s1, 2])* と *D([s0, 2], [s1, 1])* という2つのベクタークロックには不整合が存在することを示しているのです。

ベクトルクロックは不整合を解決できますが、2つの顕著な欠点があります。まず、ベクタークロックは競合解消ロジックを実装する必要があるため、

クライアントが複雑化します。

第2に、ベクタークロックの[サーバ：バージョン]のペアが急激に大きくなる可能性もあります。この問題を解決するには、長さに閾値を設定し、制限を越えた場合は最も古いペアを削除します。このやり方は、子孫関係を正確に判断できないため、調整の効率が悪くなるかもしれません。しかし、Dynamoの論文[4]によれば、Amazonは稼働中にこうした問題にまだ直面していないため、おそらくほとんどの企業で受け入れ可能な解決策なのでしょう。

障害対応

大規模システムにおいて、障害は避けられないだけでなく、よくあることです。障害対応のシナリオは非常に重要です。このセクションでは、まず障害を検出するための技術を紹介します。その上で、一般的な障害対策を説明しましょう。

障害の検出

分散システムでは、他のサーバが徴候を示しても、あるサーバがダウンしているとは限りません。通常、サーバのダウンを判断するには、少なくとも

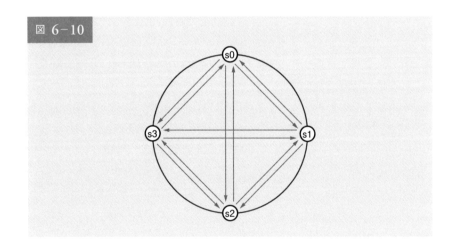

図 6-10

2つの独立した情報源が必要です。

図6-10に示すように、網羅的なマルチキャストは簡単な解決策です。しかし、この解決策は、多くのサーバがシステム内にある場合には非効率的でしょう。

より良い解決策は、ゴシッププロトコルのような分散型の障害検知方法を用いることです。ゴシッププロトコルは次のように動作します。

‣ 各ノードは、メンバー ID およびハートビートの回数を含むノードメンバーシップリストを保持する
‣ 各ノードは定期的にハートビートカウンタを増加させる
‣ 各ノードは定期的にランダムなノードの集合にハートビートを送信する。ハートビートを送信すると、そのハートビートが別のノードに伝搬される
‣ ノードはハートビートを受信すると、メンバーシップリストを最新の情報に更新する
‣ ハートビートが事前に定義された時間以上増加しなかった場合、そのメンバーはオフラインと見なされる

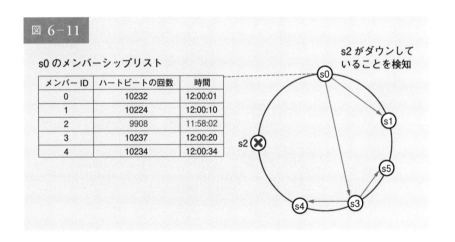

図 6-11

s0 のメンバーシップリスト

メンバー ID	ハートビートの回数	時間
0	10232	12:00:01
1	10224	12:00:10
2	9908	11:58:02
3	10237	12:00:20
4	10234	12:00:34

s2 がダウンしていることを検知

図6-11に示すように、以下のようになります。

- ノード *s0* は左側に示すノードのメンバーシップリストを保持している
- ノード *s0* は、ノード *s2*（メンバー ID ＝2）のハートビートの回数が長期間増加していないことに気づく
- ノード *s0* は、ノード *s2* の情報を含むハートビートをランダムなノード群に送信する。他のノードが *s2* のハートビートの回数が長期間更新されていないことを確認すると、ノード *s2* はマークダウンされ、その情報が他のノードに伝搬される

一時的な障害の対応

　ゴシッププロトコルによって障害が検出された後、システムは可用性を確保するために、ある種のメカニズムを導入する必要があります。厳密なクォーラム方式では、クォーラムコンセンサスのセクションで説明したように、読取りと書込みの操作がブロックされる可能性があるのです。

　可用性を向上させる上では、「いい加減なクォーラム方式[4]」と呼ばれる技術が使用されます。クォーラム要件を強制する代わりに、システムはハッシュリング上の最初の W 台の健全なサーバを書き込み用に、最初の R 台の健全なサーバを読み出し用に選択し、オフラインのサーバは無視します。

　ネットワークやサーバの障害でサーバが利用できない場合、別のサーバが一時的にリクエストを処理します。ダウンしているサーバが立ち上がると、

図 6−12

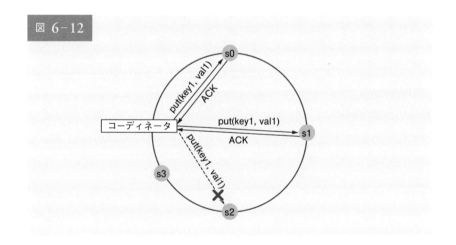

データの一貫性を保つために変更が先送りされます。このプロセスはヒンテッドハンドオフと呼ばれます。図6-12では s2が利用できないため、読み取りと書き込みは一時的に s3によって処理されています。s2がオンラインに戻ると、s3は s2にデータを戻すのです。

恒久的な障害の対応

一時的な障害には、ヒンテッドハンドオフを使用します。ではもし、複製データが永久に利用できなくなったらどうするのでしょう。このような事態に対処するために、複製データの同期を保つためのアンチエントロピー・プロトコルを実装しているのです。アンチエントロピーとは、各々の複製データを比較し、最新版に更新することです。不整合検出と転送データ量最小化のためには、マークルツリーが使用されます。

> Wikipedia [7] より引用：「ハッシュツリーまたはマークルツリーは、非リーフノードがその子ノードのラベルまたは値（リーフの場合）のハッシュでラベル付けされているツリーである。ハッシュツリーは、大規模なデータ構造の内容を効率的かつ安全に検証できる」

鍵空間が1 〜 12であると仮定して、以下の手順でマークルツリーを構築する方法を示します。ハイライトされたボックスは不一致を示します。

ステップ1：図6-13に示すように、鍵空間をバケット（この例では4）に分割する。バケットをルートレベルのノードとして使用することで、ツリーの深さを制限できる

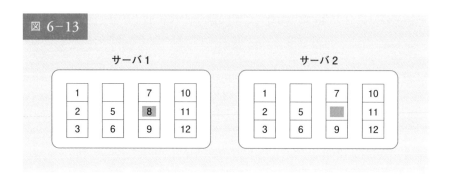

図 6-13

ステップ**2**：バケットを作成したら、バケット内の各キーを一様なハッシュ法でハッシュ化する（図6-14）

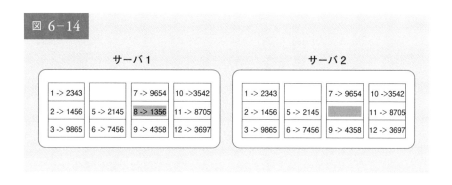

図 6-14

ステップ**3**：バケットごとに1つのハッシュノードを作成する（図6-15）

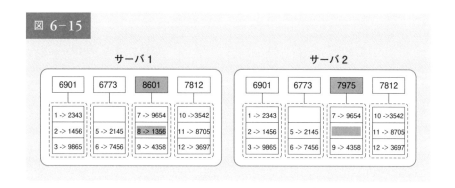

図 6-15

ステップ4：子のハッシュを計算し、ルートまでツリーを構築する（図6-16）

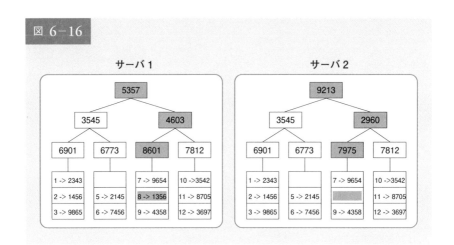

図 6-16

2つのマークルツリーを比較するには、まずルートハッシュを比較します。ルートハッシュが一致すれば、両サーバは同じデータを持っていることになります。ルートハッシュが一致しない場合は、左の子ハッシュを比較し、次に右の子ハッシュを比較します。ツリーを走査して、同期されていないバケットを見つけ、そのバケットだけを同期させることができます。

マークルツリーを用いると、同期に必要なデータ量は2つの複製データの差分に比例し、含まれるデータ量には比例しません。現実のシステムでは、バケットサイズはかなり大きくなります。例えば、10億のキーに対して100万のバケットという構成を考えた場合には、各バケットには1000のキーしか入っていないことになるでしょう。

データセンター停止の対応

データセンターは、停電、ネットワーク障害、自然災害などで停止する可能性があります。データセンターが停止しても対応できるシステムを構築するには、複数のデータセンターでデータを複製することが重要です。あるデータセンターが完全にオフラインになっても、ユーザーは他のデータセンターを経由してデータにアクセスできます。

システム構成図

ここまで、キーバリューストアを設計する上で考慮すべきさまざまな技術的事項について述べてきましたが、今度は図6-17に示すシステム構成図に焦点を移しましょう。

図 6-17

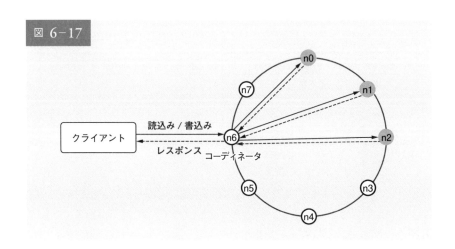

このアーキテクチャの主な特徴を以下に列挙します。

‣ クライアントは *get(key)* と *put(key, value)* というシンプルな API でキーバリューストアと通信する
‣ コーディネータは、クライアントとキーバリューストアの間のプロキシとして機能するノードである
‣ ノードは一貫したハッシュを使用してリング上に分散されている
‣ システムは完全に分散化されているので、ノードの追加や移動は自動的に行われる
‣ データは複数のノードで複製される
‣ すべてのノードが同じ責任を負うので、単一障害点はない

設計が分散化されているため、図6-18に示すように、各ノードは多くのタ

スクを実行します。

図 6-18

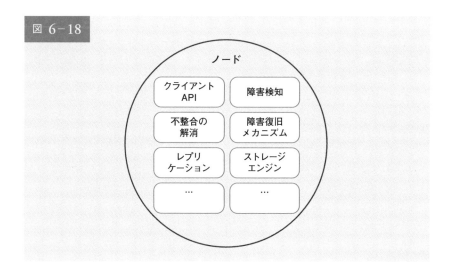

書込みパス

図 6-19 で、書込みリクエストが特定のノードに向けられた後の動作を説明します。提案されている書込み / 読込みパスの設計は、主に Cassandra[8] のアーキテクチャに基づくことに注意してください。

図 6-19

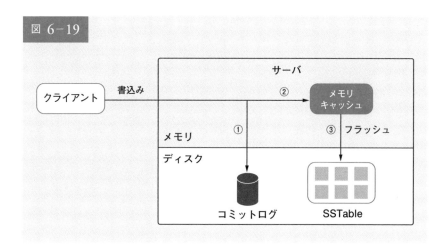

1. 書込みリクエストはコミットログファイルに保存される
2. データはメモリキャッシュに保存される
3. メモリキャッシュが満杯になるか、あらかじめ定義された閾値に達すると、データはディスク上の SSTable [9] にフラッシュされる[注])

注：Sorted-String Table (SSTable) は <key, value> のペアのソートされたリストである。SStable について
もっと知りたい読者は、参考資料 [9] を参照のこと

読込みパス

　読込みリクエストが特定のノードに向けられた後、まずメモリキャッシュにデータがあるかをチェックします。もしあれば、図6-20に示すように、データがクライアントに返されます。

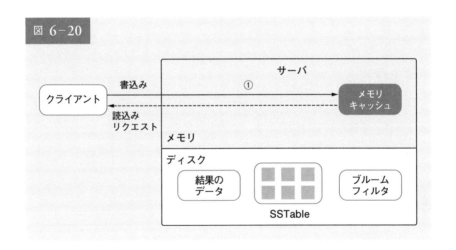

図 6-20

　もしデータがメモリにない場合は、代わりにディスクから取得することになります。どの SSTable にキーが含まれているかを見つける効率的な方法が必要です。この問題を解決するために、ブルームフィルタ [10] がよく使われます。
　データがメモリ上にない場合の読込みパスは図6-21のようになります。

図 6-21

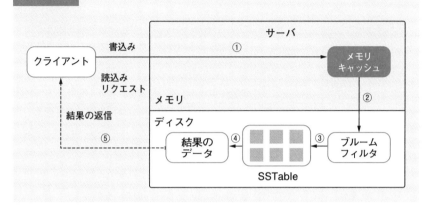

1. システムはまず、データがメモリ内にあるかをチェックする。ない場合は、ステップ2に進む
2. データがメモリ内にない場合、システムはブルームフィルタをチェックする
3. ブルームフィルタは、どのSSTablesがキーを含む可能性があるかを把握するために使用される
4. SSTables はデータセットの結果を返す
5. データセットの結果はクライアントに返される

ステップ
4
まとめ

　この章では、多くの概念とテクニックを扱いました。記憶を呼び覚ますため、分散型キーバリューストアで使用される機能と対応するテクニックを次の表に要約しました。

表 6-2

ゴール / 課題	テクニック
ビッグデータを保存する能力	一貫性のあるハッシュを使用してサーバに負荷を分散
読込みの高可用性	データレプリケーション
書込みの高可用性	複数データセンターの設定
データセットの分割	ベクタークロックのバージョン管理と不整合解消
段階的なスケーラビリティ	コンシステントハッシュ
ヘテロジニアス	コンシステントハッシュ
調整可能な一貫性	コンシステントハッシュ
一時的な障害の対応	Sloppy quorum と hinted handoff
恒久的な障害の対応	マークル木
データセンター停止の対応	データセンター間のレプリケーション

参 考 文 献

[1] Amazon DynamoDB: https://aws.amazon.com/dynamodb/

[2] memcached: https://memcached.org/

[3] Redis: https://redis.io/

[4] Dynamo: Amazon's Highly Available Key-value Store:
https://www.allthingsdistributed.com/files/amazon-dynamo- sosp2007.pdf

[5] Cassandra: https://cassandra.apache.org/

[6] Bigtable: A Distributed Storage System for Structured Data:
https://static.googleusercontent.com/media/research.google.com/en// archive/bigtable-osdi06.pdf

[7] Merkle tree: https://en.wikipedia.org/wiki/Merkle_tree

[8] Cassandra architecture: https://cassandra.apache.org/doc/latest/architecture/

[9] SStable: https://www.igvita.com/2012/02/06/sstable-and-log-structured- storage-leveldb/

[10] Bloom filter https://en.wikipedia.org/wiki/Bloom_filter

7 章 分散システムにおける ユニーク ID ジェネレータ の設計

　この章では、分散システムにおけるユニーク ID ジェネレータの設計が求められます。最初に考えるのは、伝統的なデータベースで *auto_increment* 属性を持つ主要なキーを使うことかもしれません。しかし、*auto_increment* は分散環境では機能しません。単一データベースサーバは十分な規模ではなく、最小限の遅延で複数のデータベース間でユニーク ID を生成するのは困難だからです。

　ここで、ユニーク ID の例をいくつかあげましょう。

図 7-1

```
+------------------------+
|   user_id              |
+------------------------+
|   1227238262110117894  |
+------------------------+
|   1241107244890099715  |
+------------------------+
|   1243643959492173824  |
+------------------------+
|   1247686501489692673  |
+------------------------+
|   1567981766075453440  |
+------------------------+
```

ステップ 1 　問題を理解し、設計範囲を明確にする

　システム設計の面接試験における最初のステップは、明確な質問をすることです。以下は、候補者と面接官のやりとりの例です。

候補者：ユニーク ID の特徴は何ですか？

面接官：ID は一意であり、ソート可能でなければなりません。

候補者：新しいレコードのたびに、ID が1ずつ増えるのですか？

面接官：ID は時間単位で増えますが、必ずしも1ずつしか増えないわけではありません。また、同じ日の朝に作成した ID よりも、夕方に作成した ID の方が大きくなります。

候補者：ID は数値だけで構成されますか？

面接官：はい、そうです。

候補者：ID の長さについての条件は何ですか？

面接官：ID は64ビット以内に収まる必要があります。

候補者：システムの規模は？

面接官：1秒間に10,000個の ID を生成できなければなりません。

　以上が面接官への質問例です。要件を理解し、曖昧な点を明確にすることが重要なのです。今回の質問では、以下のような要件が挙げられています。

‣ ID は一意でなければならない
‣ ID は数値のみである
‣ ID は64ビット以内に収まる
‣ ID は日付順に並んでいる
‣ 1秒間に10,000以上のユニーク ID を生成できる

| ステップ 2 | 高度な設計を提案し、賛同を得る |

　分散システムにおいてユニーク ID を生成する上では、複数の選択肢を選択できます。検討するオプションは以下の通りです。

‣ マルチマスターレプリケーション
‣ 汎用一意識別子（UUID）
‣ チケットサーバ

‣ Twitter による snowflake アプローチ

それぞれの仕組みと長所・短所を見ていきましょう。

マルチマスターレプリケーション

最初のアプローチは、図7-2に示したマルチマスターレプリケーションです。

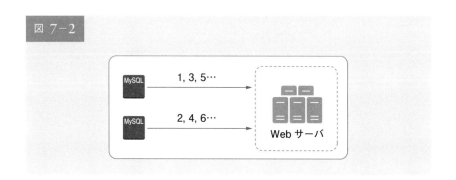

図 7-2

このアプローチでは、データベースの *auto_increment* 機能を利用していま
す。ID は、1ずつではなく、「使用中のデータベースサーバの数」である k
ずつ増えます。図7-2に示すように、次に生成される ID は、同じサーバの前
の ID に2を加えたものになります。これにより、ID はデータベースサーバ
の数に応じて変化するため、スケーラビリティの問題を解決できるのです。
ただし、この戦略にはいくつかの大きな欠点があります。

‣ 複数のデータセンターで拡張することが困難
‣ ID は複数のサーバ間で時間と共に増えない
‣ サーバが追加されたり削除されたりしても、うまくスケーリングしない

UUID

UUID は、ユニーク ID を取得する別の簡単なアプローチです。UUID は、

コンピュータシステム内の情報を識別するために使われる128ビットの番号です。UUID では、データ衝突（コリジョン）の可能性が非常に低くなります。Wikipedia によれば、「毎秒10億個の UUID を約100年間生成した後、1回衝突する確率が50%」[1] です。

以下は UUID の例です：*09c93e62-50b4-468d-bf8a-c07e1040bfb2.*

UUID はサーバ間で連携することなく、独自に生成できます。図7-3に UUID の設計を示します。

図 7-3

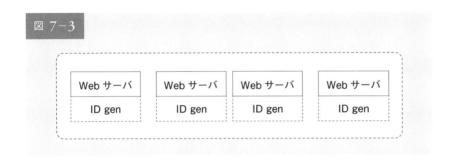

この設計では、各 Web サーバが ID ジェネレータを持ち、独自に ID を生成する責任を担っています。

長所

‣ UUID の生成が簡単である。サーバ間の連携が不要なので、同期の問題が発生しない

‣ 各 Web サーバが消費する ID の生成に責任を持つため、システムのスケーリングが容易である。ID ジェネレータは、Web サーバに合わせて容易にスケーリングできる

短所

‣ ID の長さは128ビットだが、求めているのは64ビットである

‣ ID が時間と共に増加することはない

‣ ID は数字でない可能性がある

チケットサーバ

チケットサーバは、ユニーク ID を生成するもう1つの興味深いアプローチです。Flicker は分散型の主キーを生成するためにチケットサーバを開発しました [2]。このシステムがどのように機能するかについて、触れておく価値があります。

図 7-4

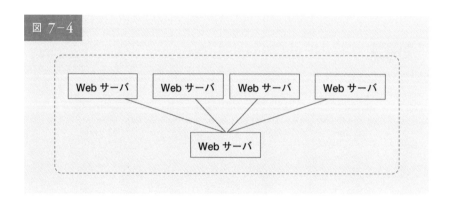

このアプローチでは、単一のデータベースサーバ（チケットサーバ）で集中的に auto_increment 機能を使用します。これについては、Flicker のエンジニアリングブログの記事 [2] を参照ください。

長所
- 数値による ID
- 実装が簡単で、小規模から中規模のアプリケーションに有効である

短所
- 障害点が単一。チケットサーバが1台ということは、チケットサーバがダウンした場合、依存するすべてのシステムが問題に直面する。単一障害点を回避する上では、複数のチケットサーバの設置が可能。しかし、この場合、データの同期など新たな課題が発生する

Twitterによるsnowflakeアプローチ

ここまでのアプローチは、様々な ID ジェネレータシステムがどのように機能するかについて、いくつかのアイデアを与えてくれました。しかし、どれも要求を満たすものではないため、別のアプローチが必要です。Twitterによるユニーク ID ジェネレータシステム「snowflake」[3] は魅力的で、我々の要求を満たすことができます。

分割管理が有効です。ID を直接生成する代わりに、ID を異なるセクションに分割しましょう。図7-5に64ビット ID の設計を示します。

図 7-5

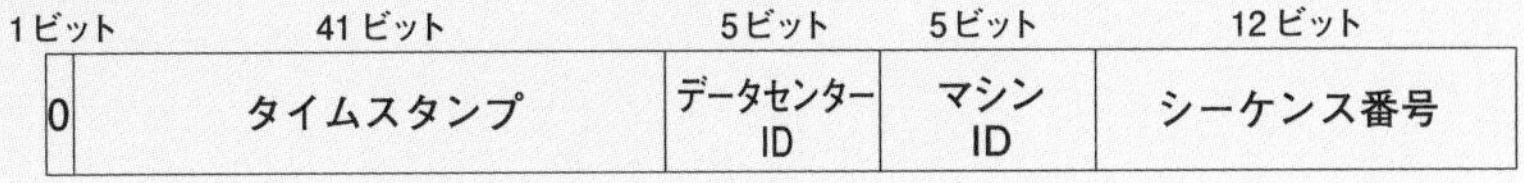

1ビット	41ビット	5ビット	5ビット	12ビット
0	タイムスタンプ	データセンターID	マシンID	シーケンス番号

以下、各セクションについて説明します。

▸ **符号ビット**：1ビット。将来の用途に備え、常に0とする。符号付きと符号なしを区別するために使用される可能性がある

▸ **タイムスタンプ**：41ビット。エポックまたはカスタムエポックからのミリ秒。Twitter による snowflake のデフォルトエポック1288834974657を使用しており、これは Nov 04, 2010, 01:42:54 UTC に相当する

▸ **データセンター ID**：5ビット、$2^5 = 32$のデータセンターがあることになる

▸ **マシン ID**：5ビット。データセンターごとに$2^5 = 32$台のマシンが存在することになる

▸ **シーケンス番号**：12ビット。マシン / プロセスで ID が生成されるたびに、シーケンス番号が1ずつ増加する。この番号は1ミリ秒ごとに0にリセットされる

　高度な設計では、分散システムにおけるユニーク ID ジェネレータを設計するための様々な選択肢について議論し、Twitter による snowflake の ID ジェネレータをベースにしたアプローチに落ち着きました。では、その設計を詳しく見ていきましょう。記憶を呼び起こすために、設計図を以下に再掲します。

図 7-6

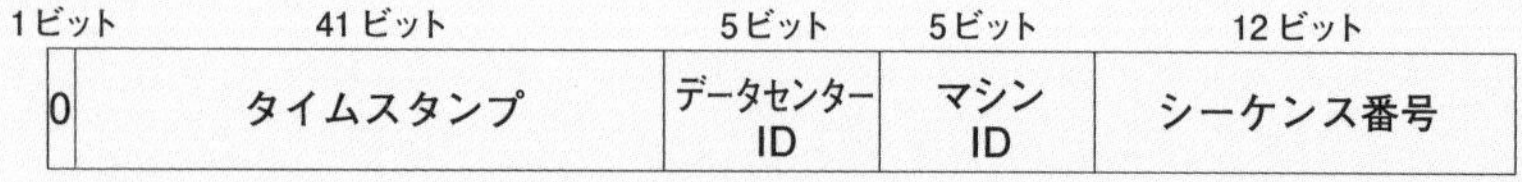

1ビット	41 ビット	5ビット	5ビット	12 ビット
0	タイムスタンプ	データセンター ID	マシン ID	シーケンス番号

　データセンター ID とマシン ID は起動時に選択され、システムが稼動すれば概ね固定されます。データセンター ID とマシン ID の変更は、偶発的な値の変更によって ID 衝突が発生する可能性があるため、慎重に検討する必要があります。タイムスタンプとシーケンス番号は、ID ジェネレータが動作しているときに生成されます。

タイムスタンプ

　最も重要な41ビットがタイムスタンプ部を構成しています。タイムスタンプは時間と共に大きくなるため、ID は時間ごとにソート可能です。図7-7に、2進法表現を UTC に変換した例を示します。同様の方法で UTC をバイナリ表現に戻すことも可能です。

図 7-7

0-0010001010100101110100110110001011010110000-01010-01100-000000000000

10 進数に

297616116568

Twitter のエポック時間 1288834974657（UNIX 時間）に
追加

1586451091225

ミリ秒から UTC 時間への変換

Apr 09 2020 16:51:31 UTC

41ビットで表現できるタイムスタンプの最大値は、

$2^{41-1} = 2199023255551$ ミリ秒（ms）

となります。すなわち、～ 69年 = 2199023255551 ms / 1000 / 365日 / 24時間 / 3600秒です。つまり、ID ジェネレータは69年間動作し、今日の日付に近いカスタムエポック時間を持つことで、オーバーフローまでの時間を遅らせることができます。69年後には、新しいエポック時間が必要になるか、あるいは ID を移行するために他の技術を採用するかになるでしょう。

シーケンス番号

シーケンス番号は12ビットであり、$2^{12} = 4096$ 通りの組み合わせがあります。同じサーバで1ミリ秒間に複数の ID が生成されない限り、このフィールドは0になるでしょう。理論的には、1台のマシンは1ミリ秒間に最大4096個の新しい ID をサポートできます。

まとめ

この章では、ユニーク ID ジェネレータを設計するための様々なアプローチについて説明しました。マルチマスターレプリケーション、UUID、チケットサーバ、そして Twitter による snowflake のようなユニーク ID ジェネレータです。そして、すべてのユースケースをサポートし、分散環境においてスケーラブルであることから、snowflake に落ち着きました。

インタビューの最後に余分な時間があったときのために、追加の話題を以下にいくつか紹介します。

‣ **クロックの同期**：設計では、ID ジェネレータサーバが同じクロックを持っていると仮定している。この仮定は、サーバが複数のコアで動作している場合には当てはまらないかもしれない。マルチマシン・シナリオでも同じ課題がある。クロック同期の解決策は本書の範囲外であるが、問題の存在を理解しておくことは重要である。ネットワークタイムプロトコルは、この問題に対する最も一般的な解決策である。興味のある読者は、参考資料 [4] を参照されたい。

‣ **セクション長のチューニング**：例えば、シーケンス番号は少なくても、タイムスタンプビットを多くすることは、並行性の低いアプリケーションや長時間のアプリケーションに有効である

‣ **高可用性**：ID ジェネレータはミッションクリティカルなシステムであるため、高可用性が必要となる

ここまで来られた方、おめでとうございます。さあ、自分をほめてあげてください。よくやったと。

参考文献

[1]　Universally unique identifier: https://en.wikipedia.org/wiki/Universally_unique_identifier

[2]　Ticket Servers: Distributed Unique Primary Keys on the Cheap: https://code.flickr.net/2010/02/08/ticket-servers-distributed-unique- primary-keys-on-the-cheap/

[3]　Announcing Snowflake: https://blog.twitter.com/engineering/en_us/a/2010/announcing- snowflake.html

[4]　Network time protocol: https://en.wikipedia.org/wiki/Network_Time_Protocol

7章　分散システムにおけるユニークIDジェネレータの設計

8章 URL 短縮サービスの設計

この章では、興味深いものの古典的なシステム設計の面接問題に取り組みます。tinyurl のような URL 短縮サービスを設計するのです。

ステップ 1 問題を理解し、設計範囲を明確にする

システム設計の面接質問は、意図的に回答形式が自由になっています。よくできたシステムを設計するには、明確な質問をすることが重要です。

候補者：URL 短縮サービスの仕組みを例示してもらえますか？

面接官：「https://www.systeminterview.com/ q=chatsystem&c=loggedin&v=v3&l=long」がオリジナルの URL だと仮定します。あなたのサービスは、https://tinyurl.com/ y7ke- ocwjのように、より短い別の URL を作成します。このエイリアスをクリックすると、元の URL にリダイレクトされるのです。

候補者：トラフィック量はどのくらいですか？

面接官：1日あたり1億件の URL が生成されます。

候補者：短縮 URL の長さはどれくらいですか？

面接官：可能な限り短くします。

候補者：短縮 URL にはどのような文字が許されますか？

面接官：短縮 URL には、数字（0〜9）と文字（a〜z、A〜Z）の組み合わせが可能です。

候補者：短縮 URL の削除や更新はできますか？

面接官：簡便のため、短縮 URL は削除も更新もできないとしましょう。

以下は基本的なユースケースです。

1. URL の短縮：長い URL が与えられたら⇒ずっと短い URL を返す
2. URL リダイレクト：短縮 URL が与えられたら⇒元の URL にリダイレクトする
3. 高可用性、スケーラビリティ、フォールトトレランスに対する配慮

おおまかな見積もり

- 書込み操作：1日あたり1億件の URL が生成される
- 1秒あたりの書込み回数：1億回 /24/3,600 = 1,160回
- 読込み処理：読込みと書込みの比率を10:1とすると、1秒あたりの読込み回数：1160 × 10 = 11,600回
- URL 短縮サービスが10年間稼働すると仮定すると、1億×365×10＝3,650億レコードに対応しなければならないことになる
- 平均的な URL の長さを100と仮定する
- 10年間に必要となるストレージ容量：3,650億 × 100バイト = 36.5TB

面接官と一緒に仮定し、計算して、両者が同じ地点に立つことが重要なのです。

ステップ 2 高度な設計を提案し、賛同を得る

このセクションでは、API エンドポイント、URL リダイレクト、URL 短縮の流れについて説明します。

APIエンドポイント

API エンドポイントは、クライアント - サーバ間の通信を容易にします。

ここでは、APIをRESTスタイルで設計します。restful APIに馴染みがなければ、参考資料［1］などを参照するとよいでしょう。URL短縮のプライマリには第一に、2つのAPIエンドポイントが必要となります。

1. **URLの短縮**：新しい短いURLを作成するため、クライアントはPOSTリクエストを送信する。このリクエストには1つのパラメータが含まれており、元の長いURLを指定する。APIは以下のようになる

POST api/v1/data/shorten
‣ リクエストパラメータ：{longUrl: longURLString}
‣ 短いURLを返す

2. **URLのリダイレクト**：対応する長いURLに短いURLをリダイレクトするため、クライアントはGETリクエストを送信する。APIは以下のようになる

GET api/v1/shortUrl
‣ HTTPリダイレクトのために、長いURLを返す

URLリダイレクト

　図8-1は、ブラウザにtinyurlを入力したときの様子を示しています。サーバはtinyurlのリクエストを受け取ると、301リダイレクトで短いURLを長いURLに変換します。
　クライアント - サーバ間の詳細な通信を図8-2に示します。

短いURL：https://tinyurl.com/qtj5opu
長いURL：https://www.amazon.com/dp/B017V4NTFA?pLink=63eaef76-979-4d&ref=adblp13nvvxx_0_2_im

図 8-1

Request URL: https://tinyurl.com/qtj5opu
Request Method: GET
Status Code: ● 301
Remote Address: [2606:4700:10::6814:391e]:443
Referrer Policy: no-referrer-when-downgrade

▼ Response Headers
alt-svc: h3-27=":443"; ma=86400, h3-25=":443"; ma=86400, h3-24=":443"; ma=86400, h3-23=":443"; ma=86400
cache-control: max-age=0, no-cache, private
cf-cache-status: DYNAMIC
cf-ray: 581fbd8ac986ed33-SJC
content-type: text/html; charset=UTF-8
date: Fri, 10 Apr 2020 22:00:23 GMT
expect-ct: max-age=604800, report-uri="https://report-uri.cloudflare.com/cdn-cgi/beacon/expect-ct"
location: https://www.amazon.com/dp/B017V4NTFA?pLink=63eaef76-979c-4d&ref=adblp13nvvxx_0_2_im

図 8-2

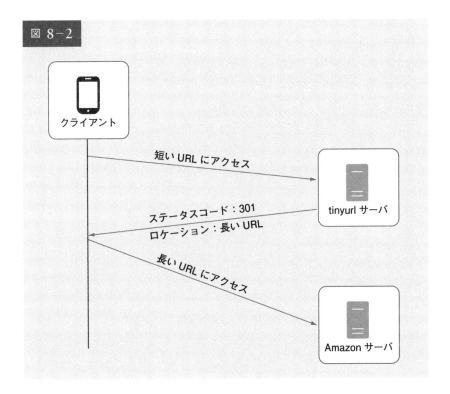

クライアント

短い URL にアクセス

tinyurl サーバ

ステータスコード：301
ロケーション：長い URL

長い URL にアクセス

Amazon サーバ

8 章　URL 短縮サービスの設計

143

ここで1つ議論に値するのは、301リダイレクトと302リダイレクトとの比較です。

301リダイレクト：301リダイレクトは、要求された URL が「恒久的に」長い URL に移動されることを示す。恒久的にリダイレクトされるため、ブラウザはレスポンスをキャッシュし、同じ URL に対するその後のリクエストは URL 短縮サービスに送られることはない。その代わり、リクエストは直接長い URL のサーバにリダイレクトされる

302リダイレクト：302リダイレクトは、URL が「一時的に」長い URL に移動することを意味する。つまり、同じ URL に対するその後のリクエストは、まず URL 短縮サービスに送信される。その後、長い URL のサーバにリダイレクトされることになる

　それぞれのリダイレクト方法には、長所と短所があります。サーバの負荷を軽減することを優先するなら、301リダイレクトを使うと、同じ URL の最初のリクエストだけが URL 短縮サーバに送られるので理にかなっています。しかし、分析を重視する場合、クリック率やクリック元をより簡単に追跡できる302リダイレクトの方が適しています。

　URL リダイレクトを実装する最も直感的な方法は、ハッシュテーブルの使用です。ハッシュテーブルに＜短い URL, 長い URL＞のペアが格納されていると仮定すると、URL リダイレクトは以下のように実装できます。

‣ 長い URL を取得：longURL = hashTable.get(shortURL)
‣ 長い URL を取得したら、URL リダイレクトを実行

URLの短縮

　短い URL が、www.tinyurl.com/{**ハッシュ値**}のようなものであると仮定しましょう。URL 短縮のユースケースをサポートするには、図8-3に示すように、長い URL をハッシュ値にマッピングするハッシュ関数 fx を見つけなければなりません。

図 8-3

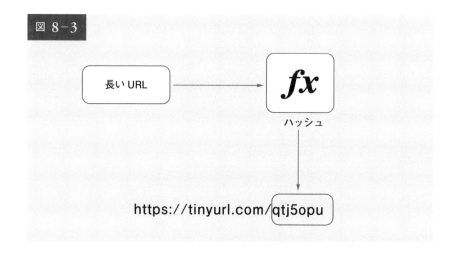

ハッシュ関数は以下の要件を満たす必要があります。

‣ 長い URL はそれぞれ、1つのハッシュ値にハッシュ化されなければならない
‣ 各ハッシュ値は長い URL に対応される

ハッシュ関数の設計の詳細については次のセクションで議論します。

ステップ 3 　設計の深堀り

　これまで、URL 短縮サービスと URL リダイレクトの高度な設計について説明してきました。このセクションでは、データモデル、ハッシュ関数、URL 短縮サービス、URL リダイレクトサービスについて詳しく説明します。

データモデル

　高度な設計では、すべてがハッシュテーブルに格納されています。これは出発点としては良いものの、メモリ資源が限定されて高価なため、このアプ

ローチは現実のシステムでは実現不可能です。より良い選択肢は、< 短い
URL, 長い URL> のマッピングをリレーショナルデータベースに格納するこ
とです。図8-4は簡単なデータベーステーブルの設計を示しています。テー
ブルの単純化されたバージョンには、id、短い URL、長い URL という3つ
の列が含まれます。

図 8-4

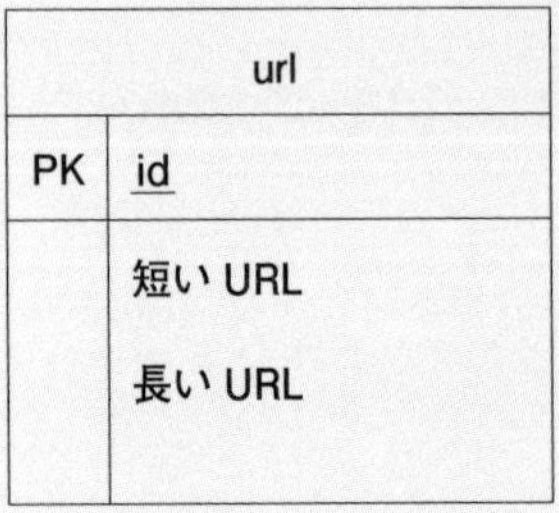

url	
PK	<u>id</u>
	短い URL
	長い URL

ハッシュ関数

ハッシュ関数は、長い URL を短い URL にハッシュ化するために使用され、
ハッシュ値とも呼ばれます。

ハッシュ値の長さ

ハッシュ値は [0-9, a-z, A-Z] の文字から成り、$10 + 26 + 26 = 62$文字の可
能性があります。ハッシュ値の長さを求めるには、$62^n \geq 3{,}650$億となる最
小の n を求めればよいでしょう。システムは、おおざっぱな見積もりに基づ
いて、最大3,650億 URL をサポートする必要があります。表8-1にハッシュ値
の長さと対応する URL の最大値を示します。

n	URL の最大値
1	$62^1 = 62$
2	$62^2 = 3{,}844$
3	$62^3 = 238{,}328$
4	$62^4 = 14{,}776{,}336$
5	$62^5 = 916{,}132{,}832$
6	$62^6 = 56{,}800{,}235{,}584$
7	$62^7 = 3{,}521{,}614{,}606{,}208 = $ ~3.5兆
8	$62^8 = 218{,}340{,}105{,}584{,}896$

　$n = 7$の場合、$62^n = $ ～ 3.5兆、3.5兆は3,650億の URL を保持するのに十分であるため、ハッシュ値の長さは7です。

　ここでは、URL 短縮型のハッシュ関数として2種類のものを検討します。1つは「ハッシュ＋衝突判定」、もう1つは「BASE62変換」です。1つずつ見ていきましょう。

ハッシュ＋衝突判定

　長い URL を短縮するには、長い URL を7文字の文字列にハッシュ化するハッシュ関数を実装しなければなりません。CRC32、MD5、SHA-1といった、よく知られたハッシュ関数を使うのが簡単な解決策です。次の表は、この URL（https://en.wikipedia.org/wiki/Systems_design）に対してさまざまなハッシュ関数を適用した後のハッシュ結果を比較したものです。

表 8−2

ハッシュ関数	ハッシュ値（16進法）
CRC32	5cb54054
MD5	5a62509a84df9ee03fe1230b9df8b84e
SHA-1	0eeae7916c06853901d9ccbefbfcaf4de57ed85b

表8-2に示すように、最も短いハッシュ値（CRC32による）でも長過ぎます（7文字以上）。どうすれば短くできるでしょう。

　最初のアプローチは、ハッシュ値の最初の7文字を集めることです。ただし、この方法はハッシュの衝突を引き起こす可能性があります。ハッシュの衝突を解消するには、衝突がなくなるまで新しい定義済み文字列を再帰的に追加していけばよいでしょう。この処理を図8-5で説明します。

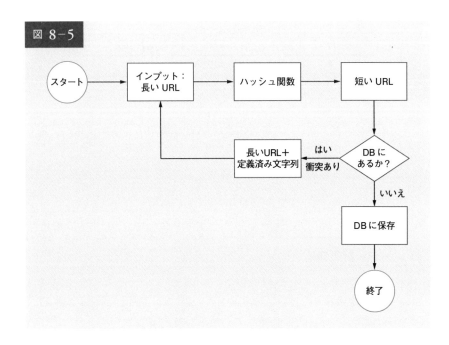

図 8-5

　このアプローチでは衝突をなくすことはできますが、すべてのリクエストに対して短いURLが存在するかをデータベースに問い合わせる必要があり、コストがかかります。ブルームフィルタ[2]と呼ばれるテクニックを使えば、パフォーマンスを向上させられます。ブルームフィルタは、ある要素が集合のメンバーであるかをテストする上で、空間効率の良い確率的手法です。詳しくは、参考資料［2］を参照ください。

BASE62変換

　BASE 変換も URL 短縮ツールでよく使われる手法です。BASE 変換は、同じ数値を異なる記数法の間で変換する上で役立ちます。ハッシュ値には62種類の文字があるため、BASE62変換が用いられます。この変換がどのように機能するかを、11157_{10}を BASE62によって変換する例で説明しましょう（11157_{10}は、BASE10（10進数）における11157を表す）。

‣ BASE62はその名の通り、62文字をエンコードに使用する方法である。マッピングは「0-0, ..., 9-9, 10-a, 11-b, ..., 35-z, 36-A, ..., 61-Z,」となる。ここで、「a」は10、「Z」は61などを表す
‣ $11157_{10} = 2 \times 62^2 + 55 \times 62^1 + 59 \times 62^0 = [2, 55, 59]$ → 62進法で $[2, T, X]$ と表現される。図8-6に会話処理を示す

図 8−6

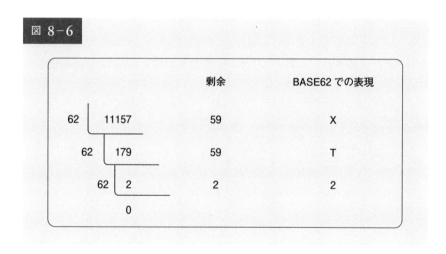

‣ したがって、短い URL は https://tinyurl.com /**2TX** となる

両アプローチの比較

　表8-3に、2つのアプローチの相違点を示します。

表 8-3

ハッシュ＋衝突判定	BASE62変換
短い URL の長さを修正	短い URL の長さは修正されない。ID とともに短い URL が長くなる
ユニーク ID ジェネレータは必要ない	このオプションはユニーク ID ジェネレータに依存する
衝突可能であり、解消する必要がある	ID が固有であるため、衝突は不可能である
ID に依存しないため、次に利用可能な短い URL を把握できない	新しいエントリに対して ID が1つずつ増加する場合、次に利用可能な短い URL を容易に把握できる。これはセキュリティ上の懸念となり得る

URL短縮の深堀り

システムの核となる部分であるため、URL 短縮の流れは論理的にシンプルで機能的であることが望まれます。この設計では、BASE62変換を使用しています。図8-7に、その流れを示しましょう。

1. 長い URL が入力（インプット）である
2. 長い URL がデータベースにあるかをチェックする
3. データベースに存在する場合、長い URL はすでに短い URL に変換されたことを意味する。この場合、データベースから短い URL を取得し、クライアントに返す
4. そうでない場合、長い URL は新しいものである。新しい固有 ID（主キー）が固有 ID ジェネレータによって生成される
5. ID を BASE62で短い URL に変換する
6. ID、短い URL、長い URL を格納した、新しいデータベースの行を作成する

この流れを理解しやすくするため、具体例を見てみましょう。

図 8-7

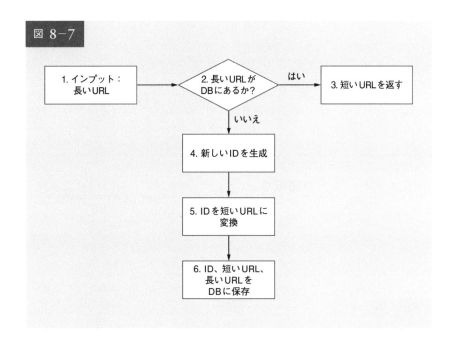

- 入力された長い URL が、https://en.wikipedia.org/wiki/ Systems_design であったとする
- 固有 ID ジェネレータが、2009215674938という ID を返す
- この ID を BASE62変換で短い URL に変換する。ID（2009215674938）は "zn9edcu" に変換される
- 表8-4に示すように、ID、短い URL、長い URL をデータベースに保存する

表 8-4

ID	短い URL	長い URL
2009215674938	zn9edcu	https://en.wikipedia.org/wiki/ Systems_design

特筆すべきは、分散型のユニーク ID ジェネレータです。その主な機能は、短い URL を作成するために使用されるグローバルで固有の ID を生成することです。高度な分散環境では、ユニーク ID ジェネレータの実装は困難です。幸いなことに、「7章　分散システムにおけるユニーク ID ジェネレータの設計」で、いくつかの解決策を既に説明しています。記憶を呼び覚ますために、参照しましょう。

URLリダイレクトの深堀り

図8-8は、URL リダイレクトの設計の詳細について示したものです。書込みよりも読込みの方が多いので、< 短い URL, 長い URL> のマッピングをキャッシュに保存して、パフォーマンスを向上させています。

図 8-8

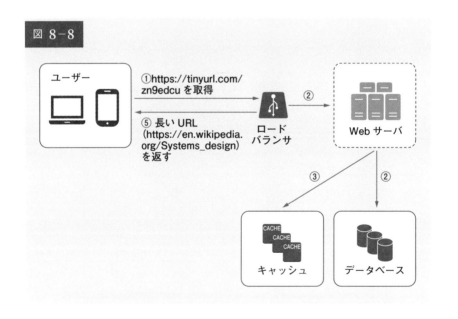

URL リダイレクトの流れをまとめると以下のようになります。

1. ユーザーが短い URL のリンク（https://tinyurl.com/zn9edcu）をクリックする
2. ロードバランサが Web サーバにリクエストを転送する
3. 短い URL がすでにキャッシュにある場合、長い URL を直接返す
4. 短い URL がキャッシュにない場合、長い URL をデータベースから取得する。データベース内にない場合は、ユーザーが無効な短い URL を入力した可能性がある
5. 長い URL がユーザーに返される

ステップ 4　まとめ

　この章では、API の設計、データモデル、ハッシュ関数、URL 短縮サービス、そして URL リダイレクトについて解説しました。

　面接試験の最後に余分な時間があったときのために、追加の話題を以下にいくつか紹介します。

▸ **レートリミッター**：セキュリティ上の問題として、悪意のあるユーザーが大量の短縮 URL を送信してくることがあげられる。レートリミッターは、IP アドレスやその他のフィルタリングルールに基づいてリクエストをフィルタリングするのに役立つ。レートリミッターについて復習したければ、「4章 レートリミッターの設計」を参照されたい

▸ **Web サーバのスケーリング**：Web 層はステートレスなので、Web サーバを追加したり削除したりすることで、簡単に Web 層を拡張できる

▸ **データベースのスケーリング**：データベースのレプリケーションとシャーディングが一般的な手法である

▸ **アナリティクス**：ビジネス成功のためにデータの重要性はますます高まっている。URL 短縮機能に分析ソリューションを統合すれば、何人がリンクをクリックしたか、いつクリックしたか、といった重要な疑問に答えられる

▸ **可用性、一貫性、信頼性**：これらのコンセプトは、大規模システム成功の

核心となるものである。1章で詳しく説明したので、これらのトピックを
思い出してほしい

　ここまで来られた方、おめでとうございます。さあ、自分をほめてあげて
ください。よくやったと。

参 考 文 献 ─────────────────────────────────────

[1]　A RESTful Tutorial: https://www.restapitutorial.com/index.html

[2]　Bloom filter: https://en.wikipedia.org/wiki/Bloom_filter

9 章 Web クローラの設計

<small>章</small>

この章では、興味深く、古典的なシステム設計の面接試験での質問を通じて、Web クローラの設計に焦点を当てます。

Web クローラは、ロボットやスパイダーとして知られています。検索エンジンが Web 上の新しいコンテンツや更新されたコンテンツを発見するために広く使用されているのです。コンテンツは、Web ページ、画像、動画、PDF ファイルなどです。Web クローラは、まずいくつかの Web ページを収集し、それらページ上のリンクをたどって新しいコンテンツを収集します。図9-1は、クローリングの流れを視覚的な例として示しています。

図 9-1

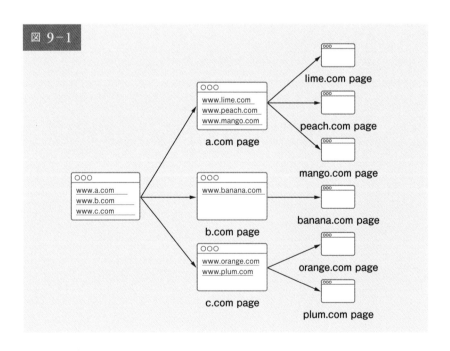

クローラは、さまざまな目的で使用されます。

- **検索エンジンのインデックス作成**：最も一般的な使用例である。クローラ
  は、検索エンジンのローカル・インデックスを作成するために、Web ペー
  ジを収集する。例えば、Googlebot は、Google の検索エンジンを支える
  Web クローラである
- **Web アーカイビング**：Web から情報を収集し、将来の利用を前提にデー
  タを保存する。例えば、多くの国立図書館では、Web サイトをアーカイ
  ブするためにクローラを走らせている。米国議会図書館 [1] や EU の Web
  アーカイブ [2] などが代表例である
- **Web マイニング**：Web の爆発的な発展は、データマイニングにとって前
  例のない機会である。Web マイニングは、インターネットから有用な知
  識を発見するのに役立つ。例えば、一流の金融企業はクローラを使って株
  主総会や年次報告書をダウンロードし、会社の重要な取り組みを学んでい
  る
- **Web モニタリング**：クローラは、インターネット上の著作権や商標権の
  侵害を監視するのに役立っている。例えば、Digimarc 社 [3] は、海賊版の
  作品や報告書を発見するためにクローラを活用している

Web クローラ開発の複雑さは、そのサポート規模に依存します。規模は、
数時間で完成する学校の小さなプロジェクトであったり、専門のエンジニア
リングチームによる継続的な改善活動を必要とする巨大なプロジェクトで
あったり、とさまざまです。そのため、以下ではサポートする規模や機能を
探っていきましょう。

ステップ 1 問題を理解し、設計範囲を明確にする

Web クローラの基本的なアルゴリズムはシンプルです。

1. URL のセットが与えられたら、指定されたすべての Web ページをダウン

ロードする

2. これらの Web ページから URL を抽出する

3. ダウンロードする URL のリストに新しい URL を追加する。この3ステップを繰り返す

　Web クローラは、実際にこのような基本的なアルゴリズムで動いているのでしょうか。正確には、そうではありません。高度なスケーラビリティを持つ Web クローラを設計するのは、非常に複雑な作業なのです。面接時間内に巨大な Web クローラを設計できる人など、まずいないでしょう。設計に飛び込む前に、要件を理解し、設計範囲を確定するための質問をしなければなりません。

候補者：クローラの主要な目的は何ですか？　検索エンジンのインデックス作成ですか、データマイニングですか、それとも他の目的ですか？

面接官：検索エンジンのインデックス作成です。

候補者：Web クローラは1ヶ月にどのくらいの Web ページを収集しますか？

面接官：10億ページです。

候補者：どのような種類のコンテンツが含まれますか？　HTML だけですか、それとも PDF や画像など、他の種類のコンテンツも含まれますか？

面接官：HTML のみです。

候補者：新しく追加された、あるいは編集された Web ページを考慮するのでしょうか？

面接官：はい、新しく追加された、あるいは編集された Web ページを考慮するべきです。

候補者：Web からクロールした HTML ページを保存する必要がありますか？

面接官：はい、最長で5年間、保存する必要があります。

候補者：重複するコンテンツのある Web ページはどのように扱えばいいのでしょうか？

面接官：重複コンテンツがあるページは無視します。

上記は、面接官に訊く質問例の一部です。要件を理解し、曖昧な点を明確にすることが重要なのです。Web クローラのような単純な製品を設計するように依頼されても、あなたと面接官の前提が同じとは限りません。

また、機能面だけでなく、以下のような特徴もメモしておくと、より良い Web クローラになるでしょう。

‣ **スケーラビリティ**：Web は非常に巨大であり、何十億という Web ページが存在する。そのため、並列化によって効率的にクローリングを行う必要がある

‣ **堅牢性**：Web は罠に満ちている。不正な HTML、応答しないサーバ、クラッシュ、悪意のあるリンクなどは、どれもよくある。クローラはこれらの特別な問題を含む状況にすべて対処しなければならない

‣ **ポライトネス**：クローラは、短い時間内にあまり多くのリクエストをしないようにしなければならない

‣ **拡張性**：新しい種類のコンテンツに対応するために、最小限の変更で済むような柔軟なシステムであること。例えば、将来的に画像ファイルをクロールするようになったとしても、システム全体を再設計する必要はない

おおまかな見積もり

以下の試算は多くの仮定に基づいています。そのため、面接官とコミュニケーションを取り、同じ認識を持つことが重要です。

‣ 毎月10億の Web ページがダウンロードされると仮定する

‣ QPS：1,000,000,000 / 30日 / 24時間 / 3600秒 ＝ 〜 400ページ / 秒

‣ ピーク時の QPS ＝ 2 × QPS ＝ 800ページ / 秒

‣ 平均的な Web ページのサイズを500k と仮定

‣ 10億ページ × 500k ＝ 500 TB ストレージ / 月。デジタルストレージの単位に不明な点があれば、2章の「2のべき乗」のセクションを再度確認

‣ 仮に5年間データを保存すると仮定すると、500TB ×12ヶ月×5年＝30PB となる。5年分のコンテンツを保存するには、30PB のストレージが必要

である

　要件が明確になったら、次は高度な設計に移ります。Webクローリングに関する先行研究 [4] [5] に触発されて、図9-2に示すような高度な設計を提案しましょう。

図 9−2

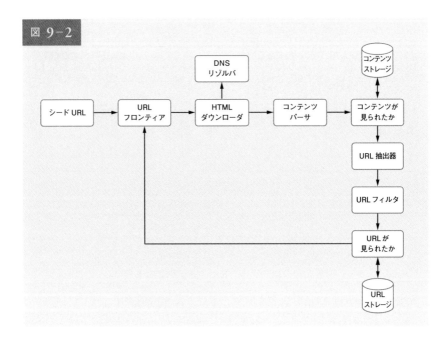

　まず、それぞれの機能を理解するため、各構成要素を探索します。次に、クローラのワークフローを順に見ていきましょう。

シードURL

　Webクローラは、クロールの出発点としてシードURLを使用します。例えば、ある大学のWebサイトの全ページをクロールする場合、直感的にわかりやすいのは大学のドメイン名を使ったシードURLを選択することです。

　一方、Web全体をクロールする場合、シードURLの選定にも工夫が必要です。良いシードURLは、クローラができるだけ多くのリンクを巡回する上での良い出発点として機能します。一般的な戦略は、URL空間全体をより小さな単位に分割することです。国によって人気のあるWebサイトが異なるため、最初に考えられるのは地域性に基づく方法でしょう。そして、もう1つの方法はトピックに基づくシードURLの選択です。例えば、URL空間は、ショッピング、スポーツ、ヘルスケアなどに分割できます。URLの選択は自由回答です。完璧な答えを期待されているわけではありません。ただ、考えていることを口に出してください。

URLフロンティア

　最近のほとんどのWebクローラは、クロールの状態を、ダウンロード予定とダウンロード済みの2つに分けています。ダウンロードされるURLを保存するコンポーネントはURLフロンティア、あるいは先入れ先出し（FIFO）キューと呼ばれます。URLフロンティアの詳細については、「ステップ3：設計の深堀り」を参照ください。

HTMLダウンローダ

　HTMLダウンローダは、URLフロンティアから提供されるURLに基づいて、インターネットからWebページをダウンロードします。

DNSリゾルバ

　Webページをダウンロードするには、URLをIPアドレスに変換する必

要があります。HTML ダウンローダは DNS リゾルバを呼び出して、URL に対応する IP アドレスを取得します。例えば、URL www.wikipedia.org は、2019年3月現在、IP アドレス 198.35.26.96 に変換されます。

コンテンツパーサ

ダウンロードされた Web ページは、解析して検証する必要があります。不正な Web ページは問題を引き起こし、ストレージ領域を浪費する可能性があるからです。クロールサーバにコンテンツパーサを実装すると、クロール処理の速度が低下します。そのため、コンテンツパーサは独立したコンポーネントになっているのです。

コンテンツが見られたか

オンライン調査 [6] によれば、Web ページの29% が重複したコンテンツであり、同じコンテンツが複数回保存される可能性があることも判明しています。データの冗長性を排除し、処理時間を短縮するため、「コンテンツが見られたか（Content Seen?）」というデータ構造を導入しましょう。これは、過去に蓄積された新しいコンテンツを検出するのに役立ちます。2つの HTML 文書の比較では、1文字ずつの比較することも可能です。ただ、この方法では数十億の Web ページが含まれていれば、時間と手間がかかります。より効率的なのは、2つの Web ページのハッシュ値を比較する方法でしょう [7]。

コンテンツストレージ

HTML コンテンツを保存するためのストレージシステムです。ストレージシステムの選択は、データの種類、データサイズ、アクセス頻度、寿命などさまざまな要因に依存し、ディスクとメモリの両方が使用されます。

‣ データセットが大き過ぎてメモリに収まらないため、ほとんどのコンテン

ツはディスクに保存される
‣ 人気のあるコンテンツは、レイテンシーを減らすためにメモリに保存される

URL抽出器

URL 抽出器は HTML ページからリンクを解析して抽出します。図9-3に
リンク抽出処理の例を示します。相対パスは、"https://en.wikipedia.org" と
いう URL プレフィックスを追加することで絶対 URL に変換されます。

図 9-3

```html
<html class="client-nojs" lang="en" dir="ltr">
    <head>
        <meta charset="UTF-8"/>
        <title>wikipedia, the free encyclopedia</title>
    </head>
    <body>
        <li><a href="/wiki/Cong_Weixi" title="Cong Weixi">Cong Weixi</a></li>
        <li><a href="/wiki/Kay_Hagan" title="Kay_Hagan">Kay_Hagan</a></li>
        <li><a href="/wiki/Vladimir_Bukovsky" title="Vladimir_Bukovsky">
        Vladimir_Bukovsky</a></li>
        <li><a href="/wiki/John_Conyers" title="John_Conyers">John_Conyers</a></li>
    </body>
</html>
```

抽出された
リンク

https://en.wikipedia.org/wiki/Cong_Weixi
https://en.wikipedia.org/wiki/Kay_Hagan
https://en.wikipedia.org/wiki/Vladimir_Bukovsky
https://en.wikipedia.org/wiki/John_Conyers

URLフィルタ

URL フィルタは、特定のコンテンツタイプ、ファイル拡張子、エラーリンク、「ブラックリスト」に登録されたサイト URL を除外できます。

URLが見られたか

「URL が見られたか (URL Seen?)」は、以前に訪問したことのある URL や、すでに URL フロンティアにある URL を記録するデータ構造です。「URL が見られたか」は、同じ URL を何度も追加することを避ける上で役立ちます。同じ URL を何度も追加すると、サーバの負荷が高まり、無限ループを引き起こす可能性があるからです。

ブルームフィルタとハッシュテーブルは、「URL が見られたか」コンポーネントを実装するための一般的な技術です。ここでは、ブルームフィルタとハッシュテーブルの詳細な実装については説明しません。詳しくは参考資料 [4] [8] を参照ください。

URLストレージ

URL ストレージは既に訪問した URL を保存します。

以上が、システムの各構成要素についての説明です。次に、それらをまとめるワークフローを説明しましょう。

Webクローラのワークフロー

ワークフローを段階的に説明するため、図9-4に示す設計図にシーケンス番号を付加します。

図 9-4

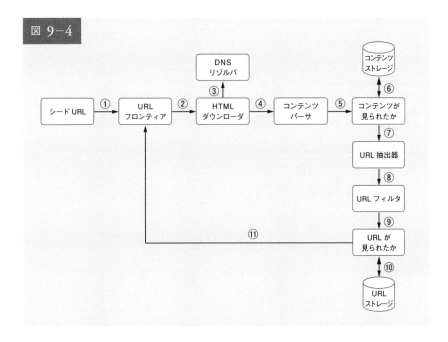

ステップ1：URL フロンティアにシード URL を追加する

ステップ2：HTML ダウンローダは URL フロンティアから URL のリストを取得する

ステップ3：HTML ダウンローダが DNS リゾルバから URL の IP アドレスを取得し、ダウンロードを開始する

ステップ4：コンテンツパーサは HTML ページを解析し、ページが不正であるかをチェックする

ステップ5：コンテンツが解析され、検証された後、「コンテンツが見られたか」コンポーネントに渡される

ステップ6：「コンテンツが見られたか」コンポーネントは、HTML ページがすでにストレージ内にあるかをチェックする

‣ ストレージ内にある場合、別の URL の同じコンテンツがすでに処理されていることを意味する。その場合、その HTML ページは破棄される

‣ ストレージ内にない場合、同じコンテンツを処理したことがないことを意味する。このコンテンツは、リンク抽出器に渡される

ステップ7：URL 抽出器は、HTML ページからリンクを抽出する

ステップ8：抽出されたリンクは、URL フィルタに渡される

ステップ9：リンクはフィルタリングされた後、「URL が見られたか」コンポーネントに渡される

ステップ10：「URL が見られたか」コンポーネントは、URL がすでにストレージにあるかをチェックする。「はい」の場合、その URL は事前に処理されているので、何もする必要はない

ステップ11：URL が以前に処理されていない場合、その URL は URL フロンティアに追加される

ステップ 3 　設計の深堀り

　ここまで、高度な設計について説明してきました。次に、最も重要な構成要素や技術について深く掘り下げて説明しましょう。

- 深さ優先探索（DFS）vs 幅優先探索（BFS）
- URL フロンティア
- HTML ダウンローダ
- 堅牢性
- 拡張性
- 問題のあるコンテンツの検出と回避

DFSとBFSの比較

　Web は、Web ページをノード、ハイパーリンク（URL）をエッジとする有向グラフと捉えることができます。クロールのプロセスは、ある Web ページから他の Web ページへと有向グラフを走査することと見なせるのです。グラフ探索のアルゴリズムとしては、DFS と BFS の2つが一般的です。しかし、DFS は非常に深くなることがあるため、通常、良い選択とは言えません。

BFS は Web クローラでよく使われ、先入れ先出し（FIFO）キューで実装されています。FIFO キューでは、URL はキューに入れられた順番にキューから出されます。しかし、この実装には2つの問題があります。

‣ 同じ Web ページからのリンクのほとんどが、同じホストにリンクバックされる。図9-5では、wikipedia.com のすべてのリンクは内部リンクであり、クローラは同じホスト（wikipedia.com）からの URL を処理するのに忙しい。クローラが Web ページを並行してダウンロードしようとすると、Wikipedia のサーバはリクエストで溢れかえる。これは「不作法」であるとみなされるだろう

図 9-5

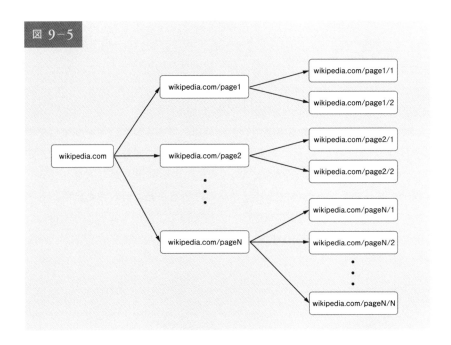

‣ 標準的な BFS では、URL の優先順位は考慮されない。Web は巨大であり、すべてのページの品質や重要度が同じとは限らない。そのため、ページランク、Web トラフィック、更新頻度などに応じて、URL の優先順位を決めたい場合がある

URLフロンティア

URL フロンティアは、これらの問題を解決するのに役立ちます。URL フロンティアは、ダウンロードする URL を格納するデータ構造です。URL フロンティアは、ポライトネス、URL の優先順位、フレッシュネスを確保するための重要な要素となります。URL フロンティアに関する注目すべき論文は、参考文献 [5] [9] にいくつかあげています。これらの論文から得られた知見は以下の通りです。

ポライトネス

一般に、Web クローラは短時間に同じホスティングサーバにあまり多くのリクエストを送らないようにする必要があります。あまりに多くのリクエストを送ることは「不作法」とみなされ、サービス妨害（DOS）攻撃と見なされることもあるからです。例えば、何の制約もないと、クローラは同じ Web サイトに毎秒数千ものリクエストを送ることができます。これでは、Web サーバが圧倒されてしまうかもしれません。

ポライトネスの一般的な考え方は、同じホストから1度に1ページずつダウンロードすることです。2つのダウンロードタスクの間には、遅延を加えられます。ポライトネスの制約は、Web サイトのホスト名からダウンロード（ワーカー）スレッドへのマッピングを維持することで実装されます。各ダウンロードスレッドは個別の FIFO キューを持ち、そのキューから取得した URL のみをダウンロードします。図9-6に、ポライトネスを管理する設計を示しました。

図 9-6

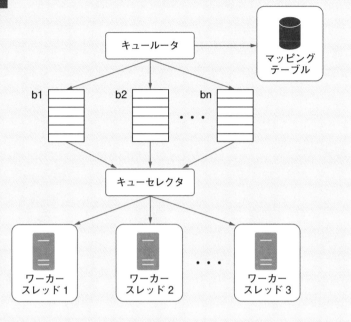

- **キュールータ**：各キュー（b1, b2, … bn）が同一ホストからの URL のみ が含まれることを保証する
- **マッピングテーブル**：各ホストを以下のようにキューに対応付ける

表 9-1

ホスト	キュー
wikipedia.com	b1
apple.com	b2
…	…
nike.com	bn

- **FIFO キュー**（b1, b2 〜 bn）：各キューは、同一ホストからの URL を含む
- **キューセレクタ**：各ワーカースレッドは FIFO キューにマップされ、その キューからの URL のみをダウンロードする。キューの選択ロジックは、 キューセレクタによって行われる
- **ワーカースレッド**（1 〜 N）：ワーカースレッドは、同じホストから Web ページを1つずつダウンロードする。2つのダウンロードタスクの間に遅延 を加えられる

優先順位

　Apple 製品に関するディスカッションフォーラムにおけるランダムな投稿 は、Apple のホームページにおける投稿とはまったく異なる重みを持ちます。 たとえ両方とも「Apple」というキーワードがあっても、Apple のホームペー ジを最初にクロールするのが賢明でしょう。

　私たちは、ページランク[10]、Web サイトのトラフィック、更新頻度など によって測定できる有用性に基づいて、URL に優先順位を付けます。「プラ イオリタイザー（Prioritizer）」は、URL の優先順位付けを処理するコンポー ネントです。この概念の詳細については、参考資料 [5] [10] を参照ください。

　図9-7に、URL の優先順位を管理する設計を示します。

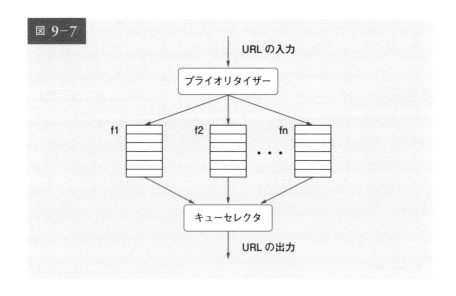

図 9−7

+ **プライオリタイザー**：URL を入力とし、優先順位を計算する
+ **キュー**（f1 ～ fn）：各キューには優先度が設定されている。優先度の高い
　キューが高い確率で選択される
+ **キューセレクタ**：優先度の高いキューに偏ったキューをランダムに選択す
　る

　図9-8に URL フロンティアの設計を示します。これには2つのモジュール
が含まれます。

+ **フロントキュー**：優先順位付けの管理
+ **バックキュー**：ポライトネスの管理

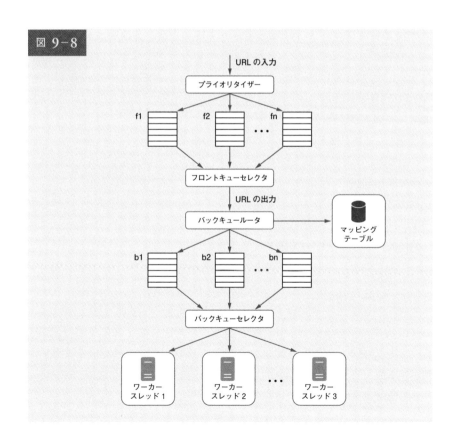

図 9-8

フレッシュネス

Webページはつねに追加、削除、編集されています。Webクローラは、ダウンロードしたページを定期的に再クロールして、データセットのフレッシュネスを保つ必要があります。すべてのURLの再クロールは、時間とリソースの浪費です。フレッシュネスの最適化に向けた戦略を以下にいくつかあげましょう。

‣ Webページの更新履歴に基づき再クロールする
‣ URLに優先順位を付け、重要なページを最初に、そしてより頻繁に再クロールする

URLフロンティアの保存

実際の検索エンジンのクロールでは、フロンティアに含まれるURLの数が数億に及ぶ可能性があります[4]。すべてをメモリに格納することは、耐久性にも拡張性にも欠けるでしょう。また、ディスクにすべてを保存するのは、ディスクの処理速度が遅くなり、クロールのボトルネックになりやすいので好ましくありません。

私たちは、ハイブリッドなアプローチを採用しました。URLの大半はディスクに保存されているため、ストレージ領域の問題がありません。ディスクからの読込みとディスクへの書込みのコストを削減するため、エンキュー /デキュー操作のためのバッファをメモリに保持します。バッファ内のデータは定期的にディスクに書き込まれるのです。

HTMLダウンローダ

HTMLダウンローダは、HTTPプロトコルを使ってインターネットからWebページをダウンロードします。HTMLダウンローダについて説明する前に、まずロボット排除プロトコル（Robots Exclusion Protocol、REP）について見ていきます。

Robots.txt

ロボット排除プロトコルと呼ばれる Robots.txt は、Web サイトがクローラと通信するための規格であり、クローラにダウンロードを許可するページを指定します。クローラは、ある Web サイトをクロールする前に、まず対応する robots.txt を確認し、その規則に従わなければなりません。

robots.txt ファイルの繰り返しダウンロードしないため、その結果をキャッシュしています。このファイルは定期的にダウンロードされ、キャッシュに保存されるのです。以下は、https://www.amazon.com/robots.txt から取得した robots.txt ファイルの一部です。creatorhub のようなディレクトリには、Google ボットによって許可されていないものもあります。

ユーザーエージェント：Googlebot
不許可：/creatorhub/*
不許可：/rss/people/*/reviews
不許可：/gp/pdp/rss/*/reviews
不許可：/gp/cdp/member-reviews/
不許可：/gp/aw/c r/

robots.txt のほか、パフォーマンスの最適化も HTML ダウンローダにおける重要な概念です。

パフォーマンスの最適化

以下は、HTML ダウンローダにおけるパフォーマンス最適化のリストです。

1. 分散クロール

クロールを複数のサーバに分散して実行し、各サーバで複数のスレッドを実行することで、高いパフォーマンスを実現しています。URL 空間はより小さく分割され、各ダウンローダは URL 空間のサブセットを担当するのです。図9-9は分散クロールの例です。

図 9-9

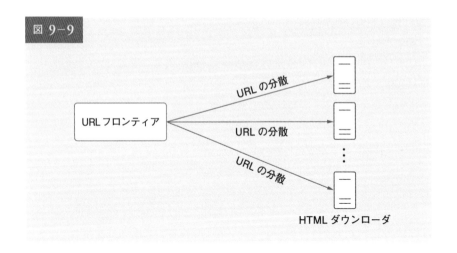

2. キャッシュ DNS リゾルバ

DNS リゾルバは、多くの DNS インターフェイスの同期性によって、しば
しば DNS リクエストに時間がかかるため、クローラのボトルネックとなり
ます。DNS の応答時間は10ms から200ms の範囲です。DNS へのリクエス
トがクローラのスレッドによって実行されると、最初のリクエストが完了す
るまで他のスレッドはブロックされます。DNS を頻繁に呼び出さないよう
にするために DNS キャッシュを維持することは、速度最適化に向けた有効
な手法です。DNS キャッシュは、ドメイン名と IP アドレスの対応関係を保
持し、cron ジョブによって定期的に更新されます。

3. 地域性

クロールサーバを地理的に分散させます。クロールサーバが Web サイト
のホストに近いと、クローラのダウンロード時間が速くなります。クロール
サーバ、キャッシュ、キュー、ストレージなど、ほとんどのシステム構成要
素に適用されます。

4. 短いタイムアウト

Web サーバの中には、レスポンスが遅いものや、まったく応答しないも

のがあります。長い待ち時間を避けるため、最大待ち時間を規定しましょう。もし、この時間内にレスポンスがない場合、クローラはジョブを中断して、他のページをクロールします。

堅牢性

性能の最適化に加えて、堅牢性も重要な考慮事項です。ここでは、システムの堅牢性向上に向けたいくつかのアプローチを紹介します。

- **コンシステントハッシュ**：これはダウンローダ間の負荷を分散させるのに役立つ。新しいダウンローダサーバは、コンシステントハッシュを使用して追加または削除できる。詳しくは「5章　コンシステントハッシュの設計」を参照
- **クロール状態やデータの保存**：障害に備え、クロールの状態とデータをストレージシステムに書き込む。クロールが中断した場合、保存された状態やデータを読み込むことで簡単にクロールを再開できる
- **例外処理**：大規模なシステムでは、エラーは避けられない。クローラはシステムをクラッシュさせることなく、例外を優雅に処理しなければならない
- **データ検証**：システムエラーを防ぐための重要な対策である

拡張性

ほとんどのシステムが進化していく中で、新しいタイプのコンテンツに対応できる柔軟なシステムを作ることは設計目標の1つです。クローラは、新しいモジュールをプラグインすることで拡張できます。図9-10は、新しいモジュールを追加する方法を示しています。

図 9-10

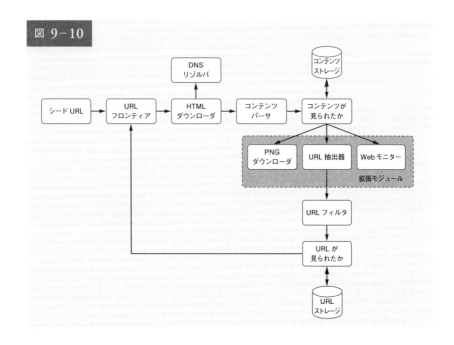

> ‣ PNG ファイルをダウンロードするための PNG ダウンローダモジュール
> がプラグインされている
> ‣ Web を監視し、著作権や商標権の侵害を防止するための Web モニター
> モジュールを追加した

問題のあるコンテンツの検出と回避

　冗長なコンテンツ、無意味なコンテンツ、有害なコンテンツの検出と回避
について説明します。

1. 冗長なコンテンツ

　前述のように、Webページの30%近くが重複しています。重複の検出には,
ハッシュやチェックサムが有効です[11]。

2. スパイダートラップ

スパイダートラップとは、クローラを無限ループに陥らせる Web ページ
です。例えば、以下のような無限に深いディレクトリ構造があげられるで
しょう：

www. spidertrapexample.com/foo/bar/foo/bar/...

このようなスパイダートラップは、URL の最大長を設定することで回避
できます。しかし、スパイダートラップを検出するための万能な解決策は存
在しません。スパイダートラップを含む Web サイトは、Web サイト内の
Web ページ数が異常に多いため、容易に特定できます。スパイダートラッ
プを回避するための自動化アルゴリズムの開発は困難です。しかし、ユー
ザーが手動でスパイダートラップを検証・特定してクローラから除外したり、
カスタマイズした URL フィルタを適用したりすることは可能なのです。

3. データノイズ

広告、コードスニペット、スパム URL など、ほとんど価値のないコンテ
ンツもあります。これらのコンテンツは、クローラにとって有用でないため、
可能であれば除外します。

ステップ 4　まとめ

この章ではまず、良いクローラの特徴として、スケーラビリティ、ポライ
トネス、拡張性、堅牢性について議論しました。そして、設計を提案し、主
要な構成要素について議論しました。Web は巨大で罠に満ちているため、
スケーラブルな Web クローラを作るのは簡単なことではありません。多く
のトピックを取り上げたとはいえ、関連する多くの論点をまだ見逃していま
す。

‣ **サーバーサイドレンダリング**：多くの Web サイトでは、JavaScript や
Ajax などのスクリプトを使用して、リンクをその場で生成している。

Webページを直接ダウンロードして解析すると、動的に生成されたリンクを取得できない。この問題を解決するため、ページを解析する前に、まずサーバサイドレンダリング（ダイナミックレンダリングとも呼ばれる）を実行する[12]

‣ **不要なページのフィルタリング**：ストレージの容量やクロールのリソースに限りがある中で、アンチスパムコンポーネントは、低品質なページやスパムページをフィルタリングするのに有効である[13] [14]

‣ **データベースのレプリケーションとシャーディング**：データベースのレプリケーションやシャーディングは、データレイヤの可用性、スケーラビリティ、信頼性を向上させるために使用される技術である

‣ **水平方向のスケーリング**：大規模なクローリングを行う場合、ダウンロードタスクを実行するために何百、何千ものサーバが必要となる。その際、サーバをステートレスにすることがポイントになる

‣ **可用性、一貫性、信頼性**：これらの概念は、あらゆる大規模システムの成功の核心となるものである。これらについては、1章で詳しく説明した。記憶を呼び覚ましてほしい

‣ **アナリティクス**：データは微調整のための重要な材料であるため、データの収集と分析は、あらゆるシステムにおいて重要な部分である

ここまで来られた方、おめでとうございます。さあ、自分をほめてあげてください。よくやったと。

参 考 文 献 ────────────────────────────────

[1] US Library of Congress: https://www.loc.gov/websites/

[2] EU Web Archive: http://data.europa.eu/webarchive

[3] Digimarc: https://www.digimarc.com/products/digimarc-services/piracy-intelligence

[4] Heydon A., Najork M. Mercator: A scalable, extensible web crawler World Wide Web, 2 (4) (1999), pp. 219-229

[5] By Christopher Olston, Marc Najork: Web Crawling. http://infolab.stanford.edu/~olston/publications/crawling_survey.pdf

[6] 29% Of Sites Face Duplicate Content Issues: https://tinyurl.com/y6tmh55y

[7] Rabin M.O., et al. Fingerprinting by random polynomials Center for Research in Computing Techn., Aiken Computation Laboratory, Univ. (1981)

[8] B. H. Bloom, "Space/time trade-offs in hash coding with allowable errors," Communications of the ACM, vol. 13, no. 7, pp. 422-426, 1970.

[9] Donald J. Patterson, Web Crawling: https://www.ics.uci.edu/~lopes/teaching/cs221W12/slides/Lecture05.pdf

[10] L. Page, S. Brin, R. Motwani, and T. Winograd, "The PageRank citation ranking: Bringing order to the web," Technical Report, Stanford University, 1998.

[11] Burton Bloom. Space/time trade-offs in hash coding with allowable errors. Communications of the ACM, 13(7), pages 422--426, July 1970.

[12] Google Dynamic Rendering: https://developers.google.com/search/docs/guides/dynamic-rendering

[13] T. Urvoy, T. Lavergne, and P. Filoche, "Tracking web spam with hidden style similarity," in Proceedings of the 2nd International Workshop on Adversarial Information Retrieval on the Web, 2006.

[14] H.-T. Lee, D. Leonard, X. Wang, and D. Loguinov, "IRLbot: Scaling to 6 billion pages and beyond," in Proceedings of the 17th International World Wide Web Conference, 2008.

10章 通知システムの設計

　通知システムは、近年、すでに多くのアプリケーションで非常に人気のある機能となっています。ニュース速報、製品アップデート、イベント、提供品などの重要な情報をユーザーに知らせる通知機能は、私たちの日常生活に欠かせないものとなっています。この章では、通知システムの設計が求められます。

　通知は、モバイルプッシュ通知だけではありません。通知形式には、モバイルプッシュ通知、SMSメッセージ、eメールの3種類があります。それぞれの通知の例を図10-1に示します。

図 10-1

Push notification　　　SMS　　　Email

ステップ 1　問題を理解し、設計範囲を明確にする

　1日に数百万件の通知を送信するスケーラブルなシステムを構築するのは、容易なことではありません。それには、通知のエコシステムを深く理解する必要があります。面接の質問は、意図的に制約がなく、曖昧に設計されており、要件の明確化に向けて質問するのはあなたの責任です。

候補者：システムはどのような種類の通知をサポートしていますか？

面接官：プッシュ通知、SMS メッセージ、e メールです。

候補者：リアルタイムなシステムですか？

面接官：柔軟なリアルタイムシステムとしましょう。ユーザーにはできるだけ早く通知を受け取ってもらいたいのですが、負荷が高い場合は、多少遅れても構いません。

候補者：対応する端末は？

面接官：iOS 端末、Android 端末、ラップトップ / デスクトップ PC です。

候補者：何が通知のきっかけですか？

面接官：クライアントアプリケーションが通知のきっかけとなることもできます。また、サーバサイドでのスケジューリングも可能です。

候補者：ユーザーはオプトアウト（ユーザーが自ら許諾の意思を示す）できるのでしょうか？

面接官：はい、オプトアウトを選択したユーザーには、通知が届かなくなります。

候補者：1日に何通くらいの通知が送られるのでしょう？

面接官：モバイルプッシュ通知1000万件、SMS メッセージ100万件、e メール500万件です。

ステップ 2　高度な設計を提案し、賛同を得る

　このセクショでは、iOS 端末のプッシュ通知、Android 端末のプッシュ通

知、SMSメッセージ、およびeメールという様々な通知の種類をサポートする高度な設計を紹介します。構成は以下の通りです。

- さまざまな種類の通知
- 連絡先収集フロー
- 通知の送受信フロー

さまざまな種類の通知

まず、通知の種類ごとに、どのような仕組みになっているかを大まかに見ていきます。

iOS 端末のプッシュ通知

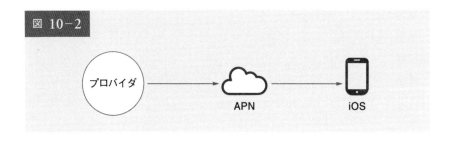

図 10-2

iOS 端末のプッシュ通知を送信するには、主に3つの構成要素が必要です。

- **プロバイダ**：プロバイダは、Apple Push Notification Service（APNS）に対して通知要求を作成し、送信する。プッシュ通知を作成するために、プロバイダは以下のデータを提供する
  - デバイストークン：プッシュ通知の送信に使用される一意の識別子である
  - ペイロード：通知のペイロードを含む JSON ディクショナリ。以下はその例である

```
{
    "aps":{
        "alert": {
          "title":"game Request",
          "body":"Bob wants to play chess",
          "action-loc-key":"PLAY"
        },
        "badge":5
    }
}
```

‣ **APN**：Apple が提供するリモートサービスで、iOS 端末にプッシュ通知
を伝搬させる
‣ **iOS 端末**：プッシュ通知を受け取るエンドクライアントである

Android 端末のプッシュ通知

Android 端末も同様の通知フローを採用しています。APN の代わりに
FCM（Fire-base Cloud Messaging）が、Android 端末へのプッシュ通知の
送信によく使われます。

図 10-3

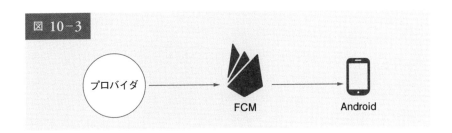

SMS メッセージ

SMS メッセージでは、Twilio [1]、Nexmo [2] といったサードパーティの
SMS サービスがよく使われます。これらの多くは商用サービスです。

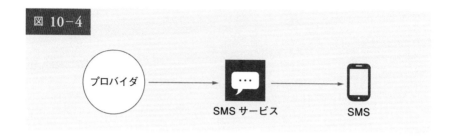

図 10-4

e メール

　自社でメールサーバを構築することもできますが、多くの企業は商用メールサービスを選択しています。Sendgrid [3] や Mailchimp [4] は最も人気のあるメールサービスであり、配信率やデータ分析に優れています。

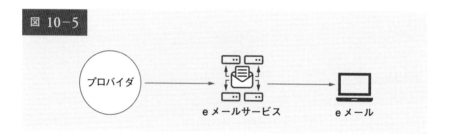

図 10-5

　図10-6は、すべてのサードパーティのサービスを含めた後の設計を示しています。

図 10-6

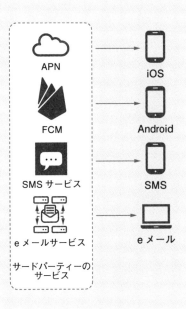

連絡先情報の収集フロー

　通知を送信するには、モバイル端末のトークン、電話番号、またはメールアドレスを収集する必要があります。図10-7に示すように、ユーザーがアプリをインストール時や初めてのサインアップ時に、APIサーバはユーザーの連絡先情報を収集してデータベースに保存するのです。

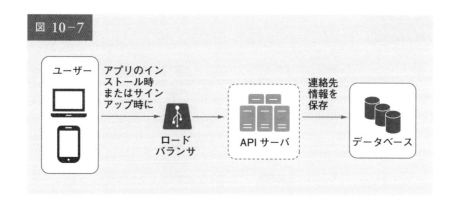

図 10-7

図10-8は、連絡先情報を格納するデータベースのテーブルを簡略化したものです。eメールアドレスと電話番号は user テーブルに、デバイストークンは device テーブルに格納されます。ユーザーは複数の端末を所有でき、プッシュ通知はすべてのユーザー端末に送信できることを示しています。

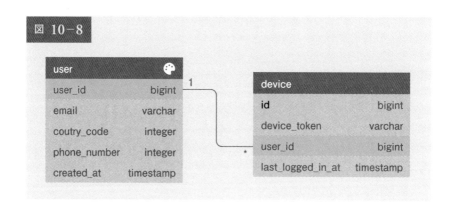

図 10-8

通知送受信のフロー

まず、初期設計を示し、その後、いくつかの最適化を提案します。

高度な設計

図10-9に設計を示し、各システムの構成要素を説明します。

図 10-9

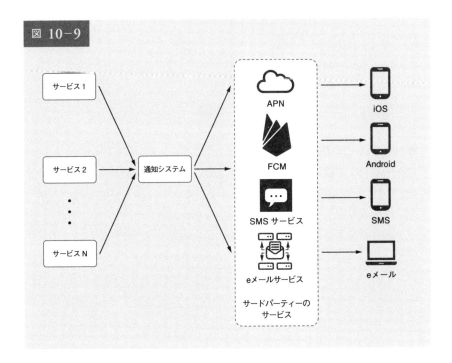

サービス 1 〜 N：個々のサービスは、マイクロサービス、cron ジョブ、または通知送信イベントを起動させる分散システムである。例えば、課金サービスは顧客に支払い期限を知らせる e メールを送信し、ショッピングサイトは顧客に明日の荷物到着を SMS メッセージで知らせる

通知システム：通知システムは、通知の送受信の中心となる。まずはシンプルに、通知サーバを1つだけ使用する。通知サーバは1から N までのサービスの API を提供し、サードパーティのサービス向けの通知ペイロードを構築する

サードパーティのサービス：サードパーティのサービスは、ユーザーに通知を配信する役割を担う。サードパーティのサービスと統合する際には、拡張性に特に注意を払う必要がある。優れた拡張性とは、サードパーティのサービスを簡単に抜き差しできる柔軟なシステムであることを意味する。もう1つ重要なのは、新しい市場あるいは将来的には、サードパーティのサービスが利用できなくなる可能性があることだ。例えば、FCM は中国では利用で

きない。そのため、中国では Jpush や PushY といった代替サードパーティ
のサービスが利用されている

iOS、Android、SMS、e メール：ユーザーは彼らの端末で通知を受ける

この設計については、3つの問題点が指摘されています。

- **単一障害点（SPOF）**：通知サーバが1つであるため、SPOF が発生する
- **スケーリングの難しさ**：通知システムは、プッシュ通知に関するすべてを
  1つのサーバで処理する。データベース、キャッシュ、通知処理コンポー
  ネントを個別にスケーリングすることは困難である
- **パフォーマンスのボトルネック**：通知の処理と送信には多くのリソースを
  必要とする。例えば、HTML ページを作成したり、サードパーティのサー
  ビスからのレスポンスを待ったりするのに時間がかかる場合がある。1つ
  のシステムですべてを処理すると、特にピーク時にシステムが過負荷にな
  る可能性がある

高度な設計（改善版）

初期設計の課題を列挙した上で、以下のように設計を改善します。

- データベースとキャッシュを通知サーバの外に移動する
- 通知サーバを増設し、水平方向の自動スケーリングを設定する
- システム構成要素を切り離すためにメッセージキューを導入する

改善された高度な設計を図10-10に示します。

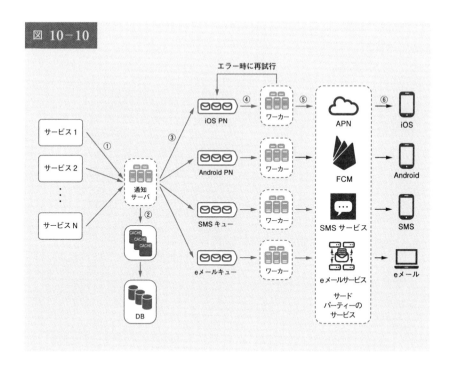

図 10-10

上の図を確認する上で一番良い方法は、左から右へと見ていくことです。

サービス1〜N：サービス1〜Nは、通知サーバが提供するAPIを経由して、通知を送信する異なるサービスを表す

通知サーバ：通知サーバは、以下の機能を提供する

- 通知を送信するサービスのためのAPIを提供する。スパムを防ぐため、これらのAPIには内部から、あるいは検証されたクライアントからのみアクセスできる
- eメールや電話番号などを確認するための基本的な検証を行う
- 通知のレンダリングに必要なデータを取得するために、データベースまたはキャッシュを照会する
- 通知データをメッセージキューに入れ、並列処理する

以下は、電子メールを送信するためのAPIの例です。

POST https://api.example.com/v/sms/send

Request body

```json
{
    "to": [
      {
        "user_id": 123456
      }
    ],
    "from": {
      "email": "from_address@example.com"
    },
    "subject": "Hello, World!",
    "content": [
      {
        "type": "text/plain",
        "value": "Hello, World!"
      }
    ]
}
```

キャッシュ：ユーザー情報、デバイス情報、通知テンプレートがキャッシュされる

DB：ユーザー、通知、設定などのデータを格納する

メッセージキュー：コンポーネント間の依存関係を解消する。メッセージキューは、大量の通知を送信する際のバッファとして機能する。各通知タイプには個別のメッセージキューが割り当てられ、あるサードパーティのサービス停止が他の通知タイプに影響しないようにする

ワーカー：ワーカーとは、メッセージキューから通知イベントを取り出し、対応するサードパーティのサービスに送信するサーバのリストである

サードパーティのサービス：初期設計ですでに説明済み

iOS、Android、SMS、eメール：初期設計ですでに説明済み

　次に、各コンポーネントがどのように連携して通知を送信するかを見てみましょう。

1. サービスは、通知サーバが提供するAPIを呼び出して通知を送信する
2. 通知サーバは、ユーザー情報、端末情報、通知設定などのメタデータをキャッシュやデータベースから取得する
3. 通知イベントは、対応するキューに送られ、処理される。例えば、iOSのプッシュ通知イベントはiOSのPNキューに送られる
4. ワーカーは、メッセージキューから通知イベントを取得する
5. ワーカーがサードパーティのサービスに通知を送信する
6. サードパーティのサービスは、ユーザーの端末に通知を送信する

ステップ
3　設計の深堀り

　高度な設計では、さまざまな種類の通知、連絡先情報の収集フロー、通知の送信 / 受信フローについて説明しました。設計の深堀りでは、以下の点を検討します。

‣ **信頼性知**
‣ **追加コンポーネントと考慮事項**：通知テンプレート、通知設定、レート制限、再試行メカニズム、プッシュ通知におけるセキュリティ、キューに入った通知とイベントのトラッキングの監視
‣ **設計の更新**

信頼性

　分散環境における通知システムを設計するときには、重要な信頼性についての質問にいくつか答えなければなりません。

どのようにデータ損失を防ぐのか

　通知システムで最も重要な要件の1つは、データを失えないということです。通知は通常、遅れたり、再要求されたりすることがありますが、決して失われることはありません。この要件を満たすために、通知システムはデータベースに通知データを永続化し、再試行メカニズムを実装します。図10-11に示すように、通知ログデータベースはデータの永続化のために含まれているのです。

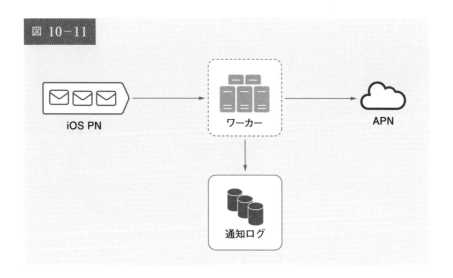

図 10-11

iOS PN　　　ワーカー　　　APN

通知ログ

受信者は正確に一度だけ通知を受け取るのか

　短い答えは「いいえ」です。ほとんどの場合、通知は正確に一度だけ配信されますが、分散システムの性質上、通知が重複してしまう可能性があります。重複の発生を減らすため、重複排除メカニズムを導入し、それぞれの障

害ケースを慎重に扱いましょう。以下は簡単な重複排除のロジックです。

　ある通知イベントが最初に到着したとき、イベント ID をチェックして、それが以前に見たものであるかを調べます。もし、以前見たことがあれば、それは破棄され、そうでなければ通知を送るのです。なぜ一度だけしか配信できないかについては、参考資料［5］を参照ください。

追加コンポーネントと考慮事項

　ユーザーのコンタクト情報を収集し、通知を送信し、受信する方法を議論してきました。通知システムというのは、それ以上のものです。ここでは、テンプレートの再利用、通知設定、イベントトラッキング、システム監視、レート制限などを含む追加のコンポーネントについて説明しましょう。

通知テンプレート

　大規模な通知システムは1日に何百万もの通知を送信し、これらの通知の多くは似たようなフォーマットに従っています。通知テンプレートは、すべての通知をゼロから構築するのを避けるために導入されました。通知テンプレートは、パラメータ、スタイル、トラッキングリンクなどをカスタマイズすることによって、独自の通知を作成するためのプレフォーマットされた通知です。以下は、プッシュ通知のテンプレート例となります。

BODY：
あなたはそれを夢に見た。私たちはそれを敢行した。[アイテム名] は、[日付] までの間だけ復活する。

CTA：
今すぐ注文する。または、私の [アイテム名] を保存する。

　通知テンプレートを使用するメリットとしては、フォーマットの統一、マージンエラーの低減、時間の短縮などがあげられます。

通知設定

　一般に、ユーザーは毎日あまりにも多くの通知を受け取るため、すぐに圧倒されたと感じがちです。そのため、多くの Web サイトやアプリは、ユーザーが通知設定を細かく制御できるようになっています。これらの情報は、以下のフィールドとともに、通知設定テーブルに格納されます。

user_id bigInt
channel varchar # プッシュ通知、電子メール、または SMS
opt_in boolean # オプトインで通知を受け取る

　通知がユーザーに送られる前に、まずユーザーがこのタイプの通知を受け取ることを許諾しているかをチェックします。

レート制限

　多くの通知でユーザーを圧倒するのを避けるため、ユーザーが受け取れる通知の数を制限できます。これは重要です。なぜなら、あまり頻繁に通知を送信すると、受信者が通知を完全に停止してしまう可能性があるからです。

再試行の機能

　サードパーティのサービスが通知の送信に失敗した場合、その通知は再通知のためにメッセージキューに追加されます。それでも問題が解決しない場合は、開発者にアラートが送られます。

プッシュ通知におけるセキュリティ

　iOS や Android のアプリでは、appKey と appSecret を使用してプッシュ通知の API を保護します [6]。認証済みまたは確認済みのクライアントのみが、API を使用してプッシュ通知を送信することが許可されます。興味のあるユーザーは、参考資料 [6] を参照ください。

キューに入った通知の監視

　監視すべき重要な指標は、キューに入れられた通知の総数です。この数が多い場合、通知イベントはワーカーによる処理が十分に速くありません。通知配信の遅延を避けるため、より多くのワーカーが必要です。図10-12（参考文献［7］）は、処理を待つキューイングされたメッセージの例です。

図 10-12

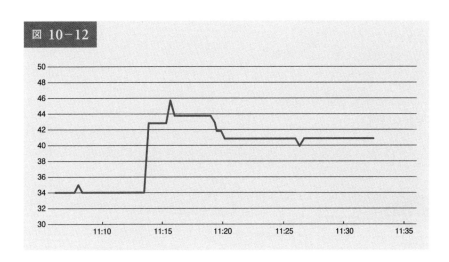

イベントのトラッキング

　開封率、クリック率、エンゲージメントなどの通知指標は、顧客の行動を理解する上で重要です。分析サービスは、イベントのトラッキングを実装しています。通常、通知システムと分析サービスの統合が必要でしょう。図10-13は、分析目的で追跡されたイベントの例です。

図 10-13

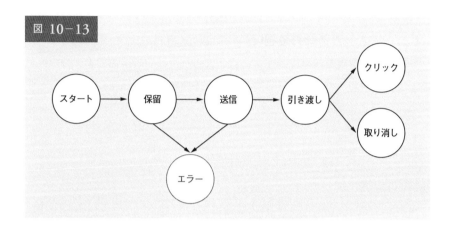

設計の更新

すべてをまとめて、図10-14に更新された通知システムの設計を示します。

図 10-14

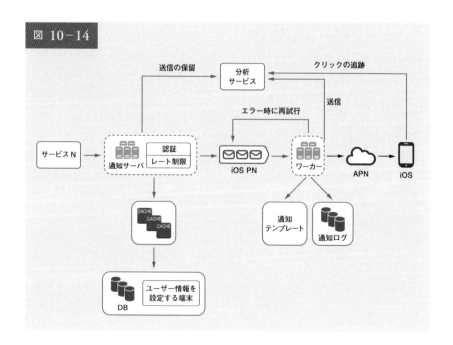

この設計では、以前の設計と比較して、多くの新たなコンポーネントが追加されています。

‣ 通知サーバは、認証とレート制限という2つの重要な機能を備えている
‣ また、通知の失敗を処理するために再通知の機構を追加している。システムが通知の送信に失敗した場合、メッセージキューに戻され、ワーカーはあらかじめ定義された回数だけ再試行する
‣ さらに、通知テンプレートは一貫した効率的な通知作成プロセスを提供する
‣ 最後に、システムの健全性チェックと将来の改善のために、監視と追跡のシステムが追加される

ステップ 4　まとめ

重要な情報を知らせてくれる通知は、なくてはならないものです。Netflixでお気に入りの映画についてのプッシュ通知、新製品の割引についてのeメール、オンラインショッピングの支払い確認のメッセージなどの通知です。

この章では、プッシュ通知、SMSメッセージ、eメールといった複数の通知形式をサポートするスケーラブルな通知システムの設計について解説しました。システムの構成要素を切り離すために、メッセージキューを採用したのです。

また、高度な設計に加え、より多くのコンポーネントと最適化について深く掘りしました。

‣ **信頼性**：再通知の機構を導入することで、障害発生率を最小限に抑えた
‣ **セキュリティ**：AppKey と appSecret のペアを使用し、認証されたクライアントのみが通知を送信できるようにした
‣ **トラッキングとモニタリング**：通知フローのどの段階でも、重要な統計情報を取得するように実装されている

- **ユーザー設定の尊重**：ユーザーは通知の受信を拒否できる。通知を送る前に、まずユーザーの設定を確認する仕組みになっている
- **レート制限**：通知の受信回数の上限設定は、ユーザーに歓迎される

　ここまで来られた方、おめでとうございます。さあ、自分をほめてあげてください。よくやったと。

参 考 文 献

[1]　Twilio SMS: https://www.twilio.com/sms

[2]　Nexmo SMS: https://www.nexmo.com/products/sms

[3]　Sendgrid: https://sendgrid.com/

[4]　Mailchimp: https://mailchimp.com/

[5]　You Cannot Have Exactly-Once Delivery: https://bravenewgeek.com/you-cannot-have-exactly-once-delivery/

[6]　Security in Push Notifications: https://cloud.ibm.com/docs/services/mobilepush?topic=mobile-pushnotification-security-in-push-notifications

[7]　Key metrics for RabbitMQ monitoring: www.datadoghq.com/blog/rabbitmq-monitoring

11 章 ニュースフィードシステムの設計

　この章では、ニュースフィードシステムを設計しましょう。では、ニュースフィードとは何でしょう。Facebook のヘルプページには、「ニュースフィードは、ホームページ中央にある常に更新されるストーリーのリストです。ニュースフィードには、Facebook でフォローしている人、ページ、グループからのステータス更新、写真、ビデオ、リンク、アプリにおけるアクティビティ、「いいね！」が含まれます」[1] とあります。これは、システム設計の面接試験でよく聞かれる質問です。同様に、Facebook のニュースフィード、Instagram のフィード、Twitter のタイムラインなどの設計についても、面接でよく質問されます。

図 11-1

<table>
<tr><td>ステップ
1</td><td>問題を理解し、設計範囲を明確にする</td></tr>
</table>

　まず明確化に向けた一連の質問によって、ニュースフィードシステムの設計を依頼したときに面接官が何を考えているかを理解しましょう。少なくとも、どのような機能をサポートすればよいかを把握する必要があります。以下は、候補者と面接官のやりとりの例です。

候補者：これはモバイルアプリですか？　それとも Web アプリですか？それとも両方ですか？

面接官：両方です。

候補者：重要な機能は何ですか？

面接官：ユーザーは、投稿を公開し、ニュースフィードページで友人の投稿を確認できます。

候補者：ニュースフィードの並び順は、逆時系列なのでしょうか、それともトピックのスコアなど特定の順番なのでしょうか？　例えば、親しい友人の投稿はスコアが高くするなど。

面接官：シンプルにするため、フィードは逆時系列でソートされていると仮定しましょう。

候補者：1人のユーザーが保有できる友人の数はどのくらいですか？

面接官：5,000人です。

候補者：トラフィック量はどのくらいでしょう？

面接官：1,000万 DAU です。

候補者：フィードには、画像、動画、単なるテキストが含まれますか？

面接官：画像と動画の両方が入ったメディアファイルが含まれます。

これで要件がまとまったので、次はシステム設計に集中しましょう。

設計は、フィードの公開とニュースフィードの構築という2つのフローに分けられます。

- **フィードの公開**：ユーザーが投稿を公開すると、対応するデータがキャッシュとデータベースに書き込まれ、該当ユーザーの友人のニュースフィードに投稿される
- **ニュースフィードの構築**：シンプルにするため、ニュースフィードは友人の投稿を逆時系列に集約して構築される

ニュースフィードのAPI

ニュースフィードの API は、クライアントがサーバと通信する主要な方法です。これらの API は HTTP ベースで、クライアントがステータスの投稿、ニュースフィードの取得、友人の追加などのアクションを実行できるようにします。ここでは、最も重要な2つの API、フィード公開 API とニュースフィード取得 API について説明しましょう。

フィード発行 API

フィードを公開するには、HTTP POST リクエストをサーバに送信します。その API を以下に示します。

POST /v1/me/feed

パラメータ
- **content**：コンテンツは、投稿のテキスト
- **auth_token**：API リクエストを認証するために使用される

ニュースフィード取得 API

ニュースフィードを取得するための API は以下の通りです。

GET /v1/me/feed

パラメータ

‣ **auth_token**：API リクエストの認証に利用される

フィードの公開

図11-2にフィード発行フローの高度な設計を示します。

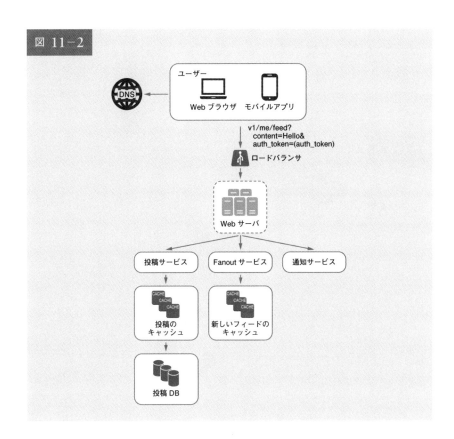

図 11-2

- **ユーザー**：ユーザーは、ブラウザやモバイルアプリでニュースフィードを閲覧できる。ユーザーは、APIを通じて「Hello」という内容の投稿を行う

  API：*/v1/me/feed?content=Hello&auth_token={auth_token}*
- **ロードバランサ**：トラフィックをWebサーバに振り分ける
- **Webサーバ**：トラフィックを内部の各サービスにリダイレクトする
- **投稿サービス**：投稿をデータベースとキャッシュに格納する
- **Fanoutサービス**：新しいコンテンツを友人のニュースフィードにプッシュする。ニュースフィードのデータはキャッシュに保存され、高速検索が可能
- **通知サービス**：新しいコンテンツが利用可能になったことを友人に知らせ、プッシュ通知を送信する

ニュースフィードの構築

このセクションでは、ニュースフィードが舞台裏でどのように構築されるかを説明しましょう。図11-3に高度な設計を示します。

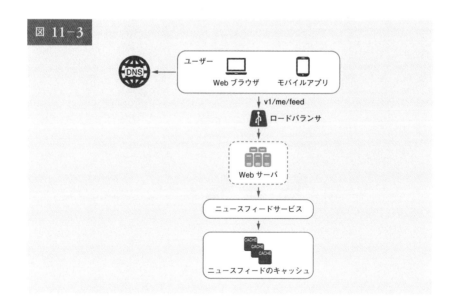

図 11-3

- **ユーザー**：ユーザーは自分のニュースフィードを取得するためにリクエストを送信する。リクエストは、/v1/me/feed となる
- **ロードバランサ**：ロードバランサはトラフィックを Web サーバにリダイレクトする
- **Web サーバ**：Web サーバはリクエストをニュースフィード・サービスにルーティングする
- **ニュースフィードサービス**：ニュースフィードサービスはキャッシュからニュースフィードを取得する
- **ニュースフィードのキャッシュ**：ニュースフィードのキャッシュはニュースフィードをレンダリングするために必要なニュースフィード ID を保存する

ステップ 3　設計の深堀り

　高度な設計では、フィードの公開とニュースフィードの構築という2つのフローを簡単に説明しました。ここでは、これらのトピックをより深く掘り下げて解説しましょう。

フィード公開の深堀り

　図11-4に、フィードの公開に関する詳細設計の概要を示しました。高度な設計ではほとんどの構成要素について説明しましたが、ここでは Web サーバと Fanout サービスという2つの構成要素に焦点を当てます。

図 11-4

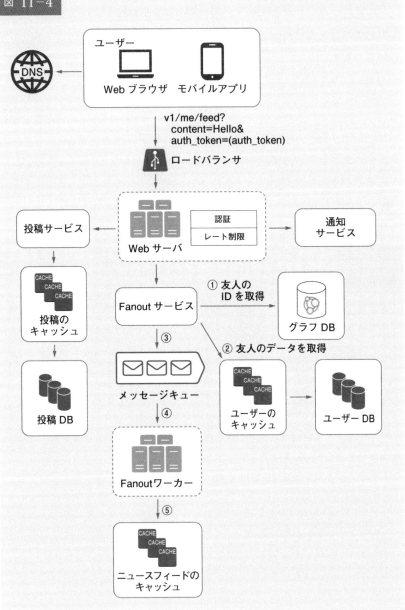

Web サーバ

Web サーバは、クライアントとの通信のほか、認証とレート制限を行います。有効な *auth_token* でサインインしたユーザーのみが投稿を許可されます。また、一定期間内に投稿できる回数を制限することで、スパムや悪用を防止しているのです。

Fanout サービス

Fanout とは、ある投稿を友人全員に配信することです。Fanout には、書込み時 Fanout（プッシュ型）と読込み時 Fanout（プル型）の2種類があり、どちらのモデルにも長所と短所があります。それぞれのワークフローを説明し、システムをサポートするための最適なアプローチを探るのです。

書込み時 Fanout：このアプローチでは、ニュースフィードは書き込み時にあらかじめ計算される。新しい投稿は、公開された直後に友人のキャッシュに配信される。

長所

‣ ニュースフィードはリアルタイムに生成され、すぐに友人にプッシュできる

‣ ニュースフィードは書込み時に事前計算されるため、ニュースフィードの取得が速い

短所

‣ ユーザーに多くの友人がいる場合、友人リストを取得し、すべての友人に対してニュースフィードを生成するのは遅く、時間がかかる。これは、hotkey 問題と呼ばれる

‣ 非アクティブなユーザーやめったにログインしないユーザーの場合、ニュースフィードの事前計算が計算資源を浪費する

読込み時 Fanout：ニュースフィードは、読込み時に生成される。これは、

オンデマンド型である。ユーザーがホームページを読み込むと、最近の投稿が表示される。

長所

‣ 非アクティブなユーザーやめったにログインしないユーザーには、計算資源を無駄にしない読込み時 Fanout が有効である
‣ データが友人にプッシュされないため、hotkey 問題が起きない

短所

‣ ニュースフィードが事前に計算されないため、ニュースフィードの取得に時間がかかる

図 11-5

ここでは、両者の利点を生かしつつ、落とし穴を回避するため、ハイブリッドアプローチを採用します。ニュースフィードは迅速な取得が重要なため、大多数のユーザーにはプッシュ型モデルを使用します。一方、有名人や多くの友人・フォロワーを持つユーザーに対しては、システムの過負荷を避けるために、フォロワーにオンデマンドでニュースコンテンツを取得させるようにするのです。ハッシュ処理の一貫性は、リクエストやデータのより均等な分散が可能になるため、hotkey 問題を軽減する上で有効な技術です。

　図11-5に示した Fanout サービスを詳しく見てみましょう。

　Fanout サービスは、以下のように動作します。

1. グラフデータベースから友人の ID を取得する。グラフデータベースは、友人関係や友人リコメンドの管理に向いている。この概念について詳しく知りたい方は、参考資料［2］を参照されたい

2. ユーザーキャッシュから友人情報を取得する。そして、ユーザーの設定に基づき、友人をフィルタリングする。例えば、ある人をミュートにすると、まだ友人であるにもかかわらず、その人の投稿はニュースフィードに表示されなくなる。また、特定の友人とだけ情報を共有したり、他人には知らせないようにしたりすることもできる

3. フレンドリストと新規投稿 ID をメッセージキューに送信する

4. Fanout ワーカーはメッセージキューからデータを取得し、ニュースフィードのデータをニュースフィードキャッシュに格納する。ニュースフィードキャッシュは、*<post_id, user_id>* のマッピングテーブルと捉えることができる。新しい投稿が行われるたびに、図11-6に示すようにニュースフィードテーブルに追記される。ユーザーや投稿オブジェクト全体をキャッシュに格納すると、メモリ消費量が非常に大きくなる可能性がある。そこで、ID のみを格納する。メモリサイズを小さくするため、設定可能な制限を設けている。ユーザーがニュースフィードの何千もの投稿をスクロールして見る可能性は低い。ほとんどのユーザーは最新のコンテンツにしか興味がないため、キャッシュの見逃し率は低くなる

5. *<post_id, user_id>* をニュースフィードキャッシュに格納する。図11-6に、キャッシュに保存されたニュースフィードの例を示す

図 11-6

post_id	user_id
post_id	user_id
post_id	user_id
post_id	user_id
post_id	user_id
post_id	user_id
post_id	user_id
post_id	user_id

ニュースフィード取得の深堀り

図11-7に、ニュースフィード検索の詳細設計を示します。

図11-7に示すように、メディアコンテンツ（画像、動画など）がCDN に格納されるため、すばやく取得できます。クライアントがどのようにニュースフィードを取得するかを見てみましょう。

1. ユーザは自分のニュースフィードを取得するためのリクエストを送信する。リクエストは、/v1/me/feed となる
2. ロードバランサはリクエストを Web サーバに再分配する
3. Web サーバはニュースフィードサービスを呼び出して、ニュースフィードを取得する
4. ニュースフィードサービスは、ニュースフィードのキャッシュから投稿 ID のリストを取得する
5. ユーザーのニュースフィードは、フィード ID のリストだけではない。ユーザー名、プロフィール画像、投稿内容、投稿画像などが含まれる。そのため、ニュースフィードサービスは、キャッシュ（ユーザーのキャッシュと投稿のキャッシュ）から完全なユーザーと投稿のオブジェクトを取得し、完全なニュースフィードを構築する
6. 完全なニュースフィードは、レンダリングのためにクライアントへ JSON

フォーマットで返される

図 11−7

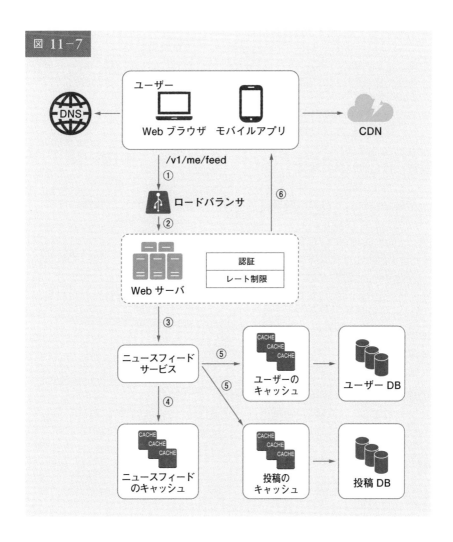

キャッシュのアーキテクチャ

キャッシュはニュースフィードシステムにとって非常に重要です。図11-8
に示すように、キャッシュ層を5つの層に分割しましょう。

図 11-8

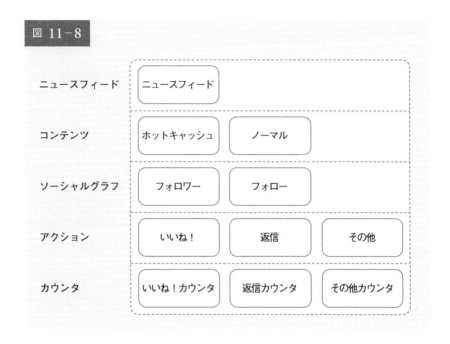

- **ニュースフィード**：ニュースフィードの ID を格納する
- **コンテンツ**：すべての投稿データが格納される。人気コンテンツはホット キャッシュに格納される
- **ソーシャルグラフ**：ユーザーの関係データを格納する
- **アクション**：ユーザーが投稿に「いいね！」「返信」「その他のアクション」 を行ったか、などの情報が格納される
- **カウンタ**：「いいね！」「返信」「フォロワー」「フォロー」などの反応が格 納される

ステップ 4 まとめ

　この章では、ニュースフィードシステムを設計しました。設計には、フィードの公開とニュースフィードの取得という2つのフローがあります。

　システム設計の面接の質問と同じように、システムの設計に完璧な方法は

ありません。どの企業にも独自の制約があり、その制約に合うようにシステムを設計しなければなりません。設計と技術選択のトレードオフを理解することが重要です。時間があれば、スケーラビリティの問題についても話してください。議論の重複を避けるため、以下では高度な論点のみをリストアップしています。

データベースのスケーリング：
‣ 垂直方向のスケーリング vs 水平方向のスケーリング
‣ SQL と NoSQL の比較
‣ マスター / スレーブレプリケーション
‣ リードレプリカ
‣ 一貫性モデル
‣ データベースのシャーディング

その他のポイント：
‣ Web 層はステートレスに保つ
‣ できる限りデータをキャッシュする
‣ 複数のデータセンターをサポートする
‣ メッセージ・キューを持つコンポーネントをできるだけ少なくする
‣ 主要な指標を監視する。例えば、ピーク時の QPS や、ユーザーがニュースフィードを更新している間のレイテンシは、監視する上で興味深い

　ここまで来られた方、おめでとうございます。さあ、自分をほめてあげてください。よくやったと。

参考文献 ————————————————

[1]　How News Feed Works: https://www.facebook.com/help/327131014036297/
[2]　Friend of Friend recommendations Neo4j and SQL Sever: http://geekswithblogs.net/brendonpage/archive/2015/10/26/friend-of- friend-recommendations-with-neo4j.aspx

12 _章 チャットシステムの設計

この章では、チャットシステムの設計を検討します。ほぼすべての人がチャットアプリを使用しています。図12-1に、最も人気のあるアプリをいくつか示しました。

図 12−1

Whatapp	Facebook メッセンジャー	Wechat
Line	Google ハンドアウト	Discord

チャットアプリは、人によって異なる機能を発揮します。正確な要件の把握は非常に重要です。例えば、面接官が1対1のチャットを想定しているのに、グループチャットに特化したシステムを設計するのは避けたいでしょう。機能要件を探ることが重要なのです。

ステップ 1 問題を理解し、設計範囲を明確にする

どのようなチャットアプリを設計するかについて、合意しておくことが肝要です。市場には、Facebook Messenger、WeChat、WhatsApp のような1対1のチャットアプリ、Slack のようなグループチャットに特化したオフィ

スチャットアプリ、Discord のように大人数での交流と音声チャットの低遅延に特化したゲームチャットアプリがあります。

　最初の明確化に向けた質問では、面接官がチャットシステムの設計を依頼したときに、正確に何を念頭に置いているのかを明確にする必要があります。最低限、1対1のチャットまたはグループチャットアプリに焦点を当てるべきかについては把握しましょう。質問としては、以下のようなものが考えられます。

候補者：どのようなチャットアプリを設計しますか？　1対1のチャットですか、グループチャットですか？

面接官：1対1チャットとグループチャットの両方をサポートする必要があります。

候補者：これはモバイルアプリですか？　それとも Web アプリですか？それとも両方ですか？

面接官：両方です。

候補者：このアプリの規模はどのくらいでしょう？　スタートアップのアプリですか、それとも大規模なアプリですか？

面接官：5,000万人のデイリーアクティブユーザー（DAU）をサポートする必要があります。

候補者：グループチャットの場合、グループメンバーの上限はどのくらいでしょう？

面接官：上限は最大100人です。

候補者：チャットアプリにおいて重要な機能は何ですか？　添付ファイルをサポートしますか？

面接官：1対1チャット、グループチャット、オンラインインジケーターです。そして、テキストメッセージのみをサポートします。

候補者：メッセージにはサイズ制限はありますか？

面接官：あります。テキストの長さは10万文字以下でなくてはなりません。

候補者：エンド・ツー・エンドの暗号化は必要ですか？

面接官：今のところ必要ありませんが、時間が許せば議論します。

候補者：チャットの履歴はどれくらいの期間保存するのでしょう？

面接官：永遠です。

　この章では、Facebook メッセンジャーのようなチャットアプリの設計に焦点を当て、以下のような機能に重点を置いています。

‣ 配信遅延の少ない1対1のチャット
‣ 少人数制のグループチャット（最大100人）
‣ オンラインプレゼンス
‣ マルチデバイス対応。同一アカウントで複数アカウントの同時ログインが可能
‣ プッシュ通知

　また、設計規模を合意しておくことも重要です。5,000万 DAU に対応するシステムを設計します。

| ステップ 2 | 高度な設計を提案し、賛同を得る |

　質の高い設計をするには、クライアントとサーバがどのように通信するのかという基本的な知識を身に付ける必要があります。チャットシステムにおいて、クライアントはモバイルアプリケーションと Web アプリケーションのいずれかになります。クライアント同士は直接通信を行いません。そのかわりに、各クライアントは、上記のすべての機能をサポートするチャットサービスに接続します。ここでは、基本的な操作に焦点を当てましょう。チャットサービスは、以下の機能をサポートする必要があります。

‣ 他のクライアントからのメッセージを受信する
‣ それぞれのメッセージに適した受信者を探し、受信者にメッセージをリレーする
‣ 受信者がオンラインでない場合、その受信者がオンラインになるまで、その受信者向けのメッセージをサーバに保持する

図 12-2 は、クライアント（送信者と受信者）とチャットサービスの関係を示しています。

図 12-2

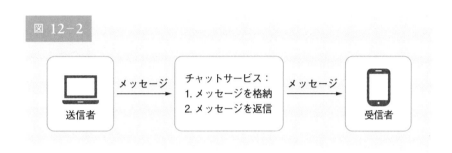

クライアントがチャットを始めようとすると、クライアントは1つ以上のネットワークプロトコルを使ってチャットサービスに接続します。チャットサービスにとって、ネットワークプロトコルの選択は重要です。面接官と議論しましょう。

ほとんどのクライアント / サーバアプリケーションでは、リクエストはクライアントによって開始されます。これは、チャットアプリケーションの送信者側にも当てはまります。図12-2において、送信側がチャットサービスを介して受信側にメッセージを送信する場合、Web プロトコルの中で最も一般的な HTTP プロトコルを、時間をかけて検証した上で使用します。このシナリオでは、クライアントはチャットサービスとの HTTP 接続を開いてメッセージを送信し、受信者にメッセージを送信するようにサービスへ通知します。keep-alive ヘッダはクライアントとチャットサービスとの持続的な接続維持を可能にするため、keep-alive は効率的であり、TCP ハンドシェイクの数を減らします。HTTP は送信側においては良い選択肢であり、Facebook [1] のような多くの人気のチャットアプリケーションは、メッセージを送信するため、最初に HTTP を使用しています。

一方、受信者側はもう少し複雑です。HTTP はクライアント主導型であるため、サーバからメッセージを送信するのは簡単ではありません。長年にわたり、ポーリング、ロングポーリング、WebSocket など、サーバ主導の接続をシミュレートする多くの技術が使用されてきました。これらは、シス

テム設計の面接試験などで広く使われる重要な技術です。ここでは、それぞれを検証しましょう。

　図12-3に示すように、ポーリングは、クライアントがサーバに定期的に利用可能なメッセージがあるかを問い合わせる手法です。頻度に依りますが、ポーリングはコストがかかるかもしれません。ほとんどの場合、「いいえ」という答えが返ってくる質問に答えるため、貴重なサーバのリソースを消費してしまうかもしれないからです。

図 12-3

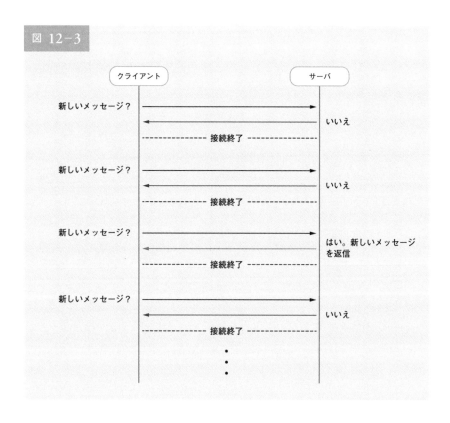

ロングポーリング

ポーリングが非効率かもしれないため、さらに進化させたのがロングポーリングです（図12-4）。

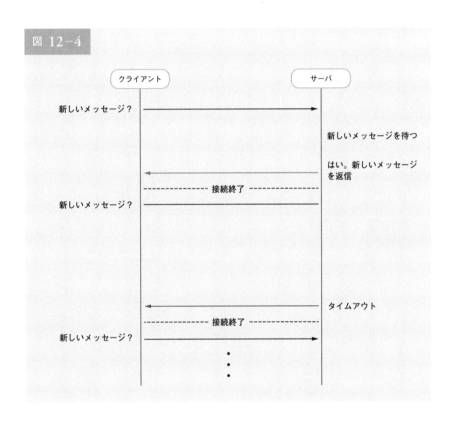

図 12−4

ロングポーリングでは、クライアントは実際に利用可能な新しいメッセージがある、あるいはタイムアウトの閾値に達するまで、接続状態を維持します。新しいメッセージを受信すると、クライアントはすぐにサーバに再リクエストを送り、処理を再開するのです。長いポーリングには、以下のようにいくつかの欠点があります。

‣ 送信者と受信者は、同じチャットサーバに接続しないかもしれない。

HTTP ベースのサーバは、通常、ステートレスである。ロードバランシングのためにラウンドロビンを使用する場合、メッセージを受信するサーバは、メッセージを受信するクライアントとのロングポーリング接続していない可能性がある

‣ サーバはクライアントが切断されたかを判断する良い方法がない
‣ 非効率的である。ユーザーがあまりチャットをしない場合、ロングポーリングはタイムアウト後も定期的に接続を行う

WebSocket

WebSocket は、サーバからクライアントへの非同期アップデートを送信する上で最も一般的なソリューションです。図12-5に、その仕組みを示しました。

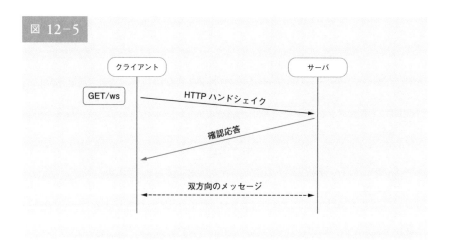

図 12-5

WebSocket 接続は、クライアントで開始され、双方向で持続的です。WebSocket 接続は、HTTP 接続として開始され、明確に定義されたハンドシェイクを通じて WebSocket 接続に「アップグレード」される可能性があります。この持続的な接続を通じて、サーバはクライアントにアップデートを送信するのです。WebSocket 接続は、一般にファイアウォールが設置さ

れていても機能します。これは、HTTP/ HTTPS 接続で使われるポート80
やポート443を使用するためです。

以前、送信側では HTTP の使用が望ましいと言いましたが、WebSocket
は双方向なので、送信側でも使用しない特別な技術的理由はありません。図
12-6 は、送信側と受信側の両方で WebSocket（ws）を使用する様子を示し
ています。

図 12-6

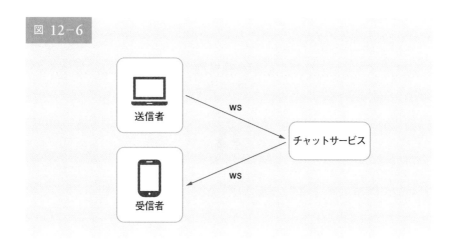

送信と受信の両方で WebSocket を使用することにより、設計が簡素化さ
れ、クライアントとサーバの両方でより単純明快な実装が可能になります。
WebSocket 接続は持続的なため、サーバ側での効率的な接続管理が重要な
のです。

高度な設計

先程、クライアント - サーバ間の通信プロトコルとして、双方向通信が可
能な WebSocket が選ばれたと言いましたが、それ以外のものについては
WebSocket である必要はないことに注意が必要です。実際、チャットアプ
リケーションのほとんどの機能（サインアップ、ログイン、ユーザープロ
ファイルなど）には、HTTP 上の従来のリクエスト / レスポンスメソッド

を使用できます。少し掘り下げて、システムの高度なコンポーネントを見てみましょう。

　図12-7に示すように、チャットシステムは、ステートレスサービス、ステートフルサービス、サードパーティとの連携という3つの主要カテゴリに分割されます。

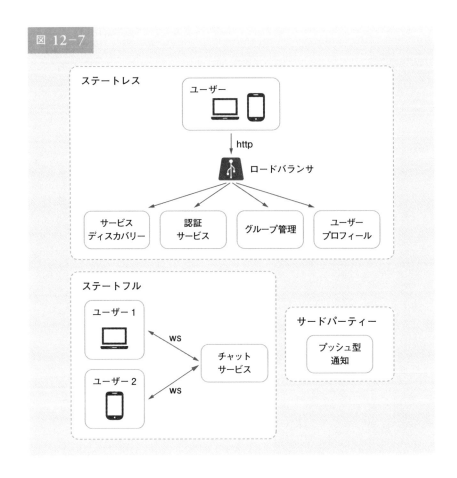

図 12-7

ステートレスサービス

　ステートレスサービスは、ログイン、サインアップ、ユーザー・プロファイルなどを管理するために使用される、従来の対外的なリクエスト／レスポンスサービスです。これらは、多くの Web サイトやアプリに共通する機能なのです。

　ステートレスサービスは、ロードバランサの後ろに配置され、その仕事はリクエストパスに基づいて正しいサービスにリクエストをルーティングすることです。これらのサービスは、モノリシックでも、個別のマイクロサービスでも構いません。こうしたステートレスサービスの多くは、自分たちで構築する必要がないのです。なぜなら、簡単に統合できるサービスが市場に出回っているからです。「設計の深堀り」でさらに詳しく説明するサービスとして、サービスディスカバリーがあります。サービスディスカバリーの主な仕事は、クライアントが接続できるチャットサーバの DNS ホスト名のリストをクライアントに提供することです。

ステートフルサービス

　チャットサービスは、唯一のステートフルサービスです。チャットサービスは、各クライアントがチャットサーバへの持続的なネットワーク接続を維持するため、ステートフルなのです。チャットサービスでは、サーバが利用可能である限り、通常、クライアントが他のチャットサーバに切り替わることはありません。サービスの発見は、サーバの過負荷を避けるため、チャットサービスと密接に連携します。詳しくは、「設計の深堀り」で説明します。

サードパーティとの連携

　チャットアプリにとって、プッシュ型通知は最も重要なサードパーティとの連携です。プッシュ型通知は、アプリを起動していない時でも、新しいメッセージの到着をユーザーに知らせることができます。プッシュ通知の適切な統合は、非常に重要です。詳細は、「10章　通知システムの設計」を参照ください。

スケーラビリティ

　小規模なものであれば、上記のサービスはすべて1台のサーバに収まるでしょう。私たちが設計した規模でも、理論上は1台の最新クラウドサーバ上にすべてのユーザー接続を収めることが可能です。サーバが処理できる同時接続数は、ほとんどの場合、制約条件になります。私たちのシナリオでは、同時接続ユーザー数が1Mの場合、各ユーザー接続がサーバ上で10Kのメモリが必要と仮定すると（これは非常に大まかな数字で、プログラミング言語の選択に大きく依存します）、1台のボックスですべての接続を維持するには、約10GBのメモリしか必要ありません。

　もし、すべてが1台のサーバに収まるような設計を提案したら、面接官の心に大きな赤信号が灯るかもしれません。できるエンジニアは1台のサーバでそのような規模の設計をするわけがないからです。シングルサーバの設計は、多くの要因から破たんをきたします。中でも単一障害点は一番大きな要因です。

　ただし、シングルサーバの設計から始めても、まったく問題ありません。ただ面接官には、これが出発点であることを理解してもらう必要があります。ここで述べたことをすべてまとめましょう。図12-8は調整済みの高度な設計です。

　図12-8では、クライアントはリアルタイムにメッセージングするため、チャットサーバへの持続的なWebSocket接続を維持します。

- チャットサーバはメッセージの送受信を容易にする
- プレゼンスサーバは、オンライン／オフラインのステータスを管理する
- APIサーバは、ユーザーのログイン、サインアップ、プロファイルの変更など、すべてを処理する
- 通知サーバは、プッシュ通知を送信する
- 最後に、キーバリューストアは、チャット履歴を保存するために使用される。オフラインのユーザーがオンラインになると、以前のすべてのチャット履歴を見られる

図 12-8

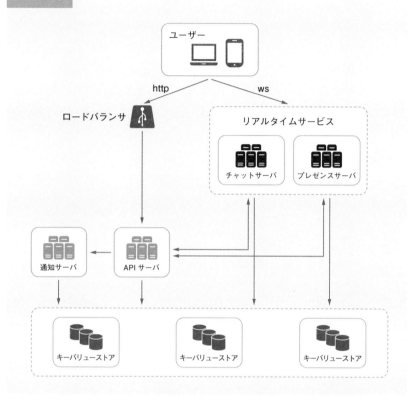

ストレージ

　この時点で、サーバの準備、サービスの立ち上げ、サードパーティの統合が完了しました。技術スタックをさらに掘り下げると、データ層があります。データ層は通常、正しく構築するために多少の労力を要します。リレーショナルデータベースと NoSQL データベース、いずれかのデータベースを使うのが正しいかといった重要な決断をしなければならないからです。十分な情報を得た上で決断するため、データの種類と読み取り / 書き込みのパターンを調べましょう。

　一般的なチャットシステムには、2種類のデータが存在します。1つは、ユーザープロファイル、設定、ユーザーフレンドリストといった一般的なデータ

です。これらのデータは、堅牢で信頼性の高いリレーショナルデータベースに格納されます。レプリケーションとシャーディングは、可用性とスケーラビリティの要件を満たすための重要な技術です。

もう1つは、チャットシステム特有のチャット履歴データです。これには、読み取り / 書き込みのパターンを理解することが重要になります。

- チャットシステムのデータ量は膨大である。先行研究[2]によれば、Facebookメッセンジャーと Whatsapp は1日に600億通のメッセージを処理していることが明らかになっている
- 頻繁にアクセスされるのは、最近のチャットのみである。ユーザーは通常、古いチャットを検索することはない
- ほとんどの場合、ごく最近のチャット履歴が表示されるが、ユーザーは、検索、メンション表示、特定のメッセージへのジャンプなど、データのランダムアクセスを必要とする機能を使用する場合がある。これらについては、データアクセス層によってサポートされるべきである
- 1対1のチャットアプリの場合、読み込みと書き込みの比率は1対1程度である

すべてのユースケースをサポートする正しいストレージシステムを選択するのは、非常に重要です。私たちは以下の理由からキーバリューストアを推奨します。

- キーバリューストアは、水平方向のスケーリングが容易である
- キーバリューストアは、データへのアクセスにかかるレイテンシーが非常に小さい
- リレーショナルデータベースはデータのロングテール[3]をうまく扱えない。インデックスが大きくなると、ランダムアクセスにコストがかかる
- キーバリューストアは、他の信頼性の高いチャットアプリで採用されている。例えば、Facebook メッセンジャーと Discord はキーバリューストアを使っている。Facebook メッセンジャーは HBase[4] を、Discord は Cassandra[5] を使用している

データモデル

先程、ストレージ層としてのキーバリューストアの使用について話しました。しかし、最も重要なデータは、メッセージデータです。詳しく見ていきましょう。

1対1チャットのメッセージテーブル

図 12-9 に 1 対 1 チャットのメッセージテーブルを示します。主キーは *message_id* で、メッセージの順序決定に役立ちます。同時に2つのメッセージが作成される可能性もあるため、メッセージの順序決定について、*created_at* には依存できません。

図 12-9

グループチャットのメッセージテーブル

図 12-10 にグループチャットのメッセージテーブルを示します。複合プライマリキーは (*channel_id, message_id*) です。チャンネルとグループは同じ意味です。グループチャットではすべての問い合わせがチャンネルで行われるため、*channel_id* がパーティションキーとなります。

図 12-10

group_message	
channel_id	bigint
message_id	bigint
user_id	bigint
content	text
created_at	timestamp

メッセージID

message_id をどのように生成するかは、検討に値する興味深いテーマです。*message_id* はメッセージの順序を保証する役割を担っています。メッセージの順序を確認するため、*message_id* は以下の2つの要件を満たす必要があります。

‣ ID は一意でなくてはならない
‣ ID は時間軸でソート可能である。つまり、新しい行は古い行よりも ID が大きくなる

この2つを保証するにはどうすればいいでしょう。最初に思いつくのは、MySql の *"auto_increment"* というキーワードです。しかし、NoSQL のデータベースは通常そのような機能を提供していません。

2つ目のアプローチは、snowflake[6] のようなグローバルな64ビットのシーケンス番号ジェネレータを使用することです。これについては、「7章 分散システムにおけるユニーク ID ジェネレータの設計」で説明しました。

最後のアプローチは、ローカルなシーケンス番号ジェネレータの使用です。ローカルとは、ID がグループ内でのみ固有であることを意味します。なぜローカル ID が有効かというと、1対1のチャネルやグループチャネル内のメッセージの順序を維持すれば十分だからです。この方法は、グローバル

IDの実装と比較して、実装が容易です。

　システム設計の面接試験では、通常、上位設計のいくつかの構成要素について深く掘り下げることが求められます。チャットシステムの場合、サービスディスカバリー、メッセージングフロー、オンライン / オフラインの指標は深く掘り下げてみる価値があるでしょう。

サービスディスカバリー

　サービスディスカバリーの主な役割は、地理的な場所やサーバの容量などの基準に基づいて、クライアントに最適なチャットサーバを推薦することです。Apache Zookeeper [7] は、サービスディスカバリーのための有名なオープンソースソリューションです。Apache Zookeeper は、すべての利用可能なチャットサーバを登録し、事前に定義された基準に基づいて、クライアントのために最適なチャットサーバを選択します。

　図 12-11 は、サービスディスカバリー（Zookeeper）の仕組みを示しています。

12章 チャットシステムの設計

229

図 12-11

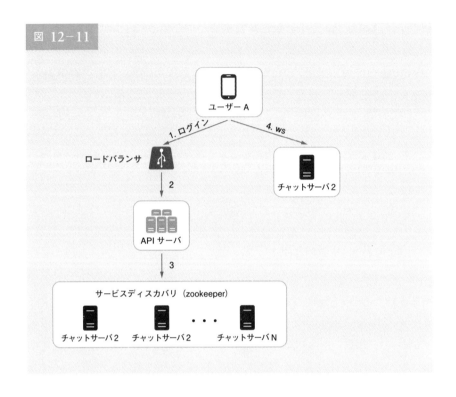

1. ユーザー A がアプリにログインしようとする
2. ロードバランサが API サーバにログインリクエストを送信する
3. バックエンドがユーザーを認証した後、サービスディスカバリーがユーザー A にとって最適なチャットサーバを見つける。この例では、サーバ2が選択され、サーバ情報がユーザー A に返される
4. ユーザー A は、WebSocket を通じて、チャットサーバ2に接続する

メッセージフロー

　チャットシステムにおけるエンド・ツゥー・エンドフローを理解するのは興味深いでしょう。このセクションでは、1対1のチャットフロー、複数デバイス間のメッセージ同期、グループチャットのフローを探ります。

1対1チャットのフロー

図 12-12 は、ユーザー A がユーザー B にメッセージを送信する様子を説明したものです。

図 12−12

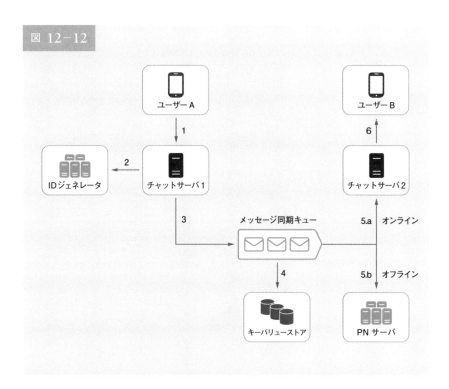

1. ユーザー A がチャットサーバ1にチャットメッセージを送信する
2. チャットサーバ1は、ID ジェネレータからメッセージ ID を取得する
3. チャットサーバ1はメッセージ同期キューにメッセージを送信する
4. メッセージがキーバリューストアに格納される
5. a. ユーザー B がオンラインの場合、メッセージはユーザー B が接続しているチャットサーバ2に転送される

    b. ユーザー B がオフラインの場合、プッシュ通知（PN）サーバからプッシュ通知が送信される

6. チャットサーバ2がユーザー B にメッセージを転送する。ユーザー B と
   チャットサーバ2の間には、持続的な WebSocket 接続が存在する

複数デバイス間のメッセージ同期

　多くのユーザーは複数のデバイスを持っています。複数のデバイス間で
メッセージを同期させる方法について説明しましょう。図 12-13 にメッセー
ジ同期の例を示しました。

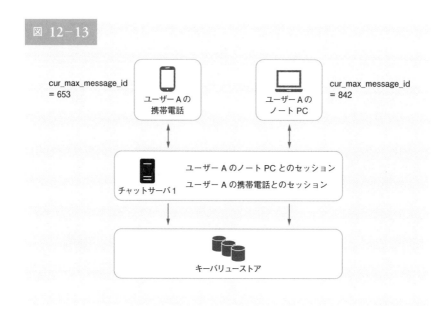

　図12-13において、ユーザー A は携帯電話とノート PC という2つのデバイ
スを持っています。ユーザー A がスマホでチャットアプリにログインする
と、チャットサーバ1との間で WebSocket 接続が確立されます。同様に、ノー
ト PC とチャットサーバ 1 も接続されます。

　各デバイスは、*cur_max_message_id* という変数を保持しており、デバイス
上の最新のメッセージ ID を記録しており、以下2つの条件を満たすメッセー
ジをニュースメッセージと見なします。

- 受信者 ID が現在ログインしているユーザ ID に等しい
- キーバリューストアのメッセージ ID は *cur_max_message_id* より大きい

　各デバイスに個別の *cur_max_message_id* があれば、個々のデバイスはキーバリューストアから新しいメッセージを取得できるため、メッセージの同期が容易になります。

少人数チャットのフロー

　1対1のチャットと比較して、グループチャットのロジックはより複雑です。図12-14と図12-15でそのフローを説明しましょう。

図 12-14

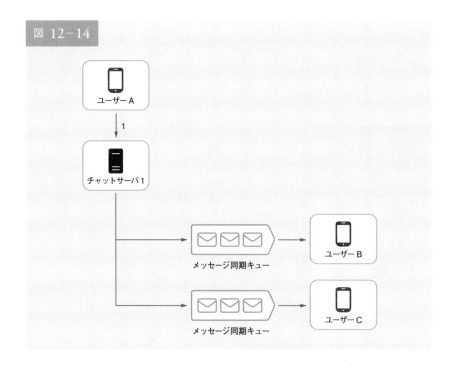

　図12-14は、ユーザー A がグループチャットでメッセージを送信したときの様子を説明したものです。グループには3人のメンバー（ユーザー A、ユーザー B、ユーザー C）がいると仮定します。まずユーザー A からのメッセー

ジは、各グループメンバーのメッセージシンク・キューにコピーされます。
この設計は、以下の理由で少人数のグループチャットに適しています。

‣ 各クライアントは、新しいメッセージを取得する上で自分の受信箱を
　チェックするだけでよいため、メッセージの同期フローを簡素化できる
‣ グループ人数が少ない場合、各受信者の受信箱へのコピーの保存は、あま
　りコストがかからない

　WeChat は同様のアプローチを採用しており、1つのグループのメンバー
を500人に制限しています[8]。しかし、多くのユーザーが所属するグループ
にとっては、メンバーごとにメッセージのコピーを保存するのは受け入れら
れません。

　受信者側では、1人の受信者が複数のユーザーからのメッセージを受信で
きます。各受信者は、異なる送信者からのメッセージを格納する受信箱（メッ
セージ同期キュー）を持っています。図 12-15 に、その設計を示しましょう。

図 12−15

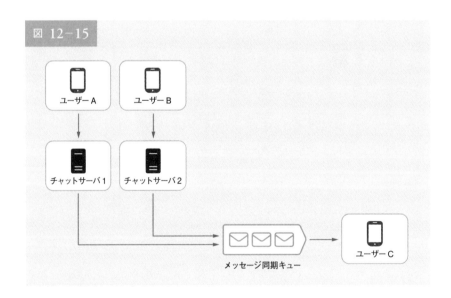

オンラインのプレゼンス

オンラインのプレゼンスインジケータは、多くのチャットアプリケーションに不可欠な機能です。通常、ユーザーのプロフィール画像またはユーザー名の横に緑色の点が表示されます。このセクションでは、舞台裏で何が起こっているかを説明しましょう。

高度な設計では、プレゼンスサーバはオンラインのステータスを管理し、WebSocket を介してクライアントと通信する責任を負います。オンラインのステータス変更のトリガーとなるフローがいくつかあります。それぞれについて説明します。

ユーザーログイン

ユーザーログインのフローは、「サービスディスカバリー」のセクションで説明した通りです。クライアントとリアルタイムサービスの間でWebSocket 接続が確立されると、ユーザー A のオンラインステータスと *last_active_at* のタイムスタンプがキーバリューストアに保存されます。プレゼンスインジケータは、ユーザーがログインした後、オンラインであることを示します。

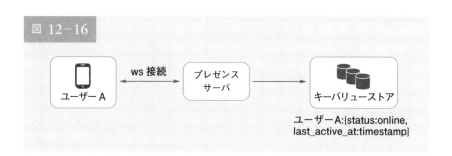

図 12-16

ユーザーのログアウト

ユーザがログアウトする場合、図 12-17 に示すようなユーザーログアウトフローを経由します。キーバリューストアのオンラインステータスはオフラ

インに変更され、プレゼンスインジケータはユーザがオフラインであること
を示します。

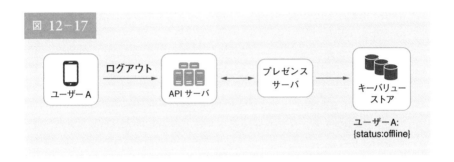

図 12-17

ユーザーA → ログアウト → API サーバ ↔ プレゼンスサーバ ↔ キーバリューストア

ユーザーA:
{status:offline}

ユーザーによる切断

　私たちは皆、インターネット接続が安定して信頼できるものであることを
望んでいます。しかし、つねにそうであるとは限りません。したがって、設
計においてこの問題に対処する必要があります。ユーザーがインターネット
への接続を切断すると、クライアント - サーバ間の持続的な接続が失われま
す。ユーザーの切断を処理する素朴な方法は、ユーザーをオフラインとして
マークし、接続が再確立したときにオンラインにステータス変更することで
す。ただし、この方法には大きな欠点があります。ユーザーはしばしば、短
時間に頻繁にインターネット接続を切断し、再接続します。例えば、ユーザー
がトンネルを通過している間、ネットワーク接続がオンになったりオフに
なったりするでしょう。切断・再接続のたびにオンラインステータスを更新
すると、プレゼンスインジケータが頻繁に変化し、結果としてユーザー体験
が低下します。

　この問題を解決するために、ハートビート機構を導入しましょう。オンラ
インクライアントは、定期的にハートビートイベントをプレゼンスサーバに
送信します。プレゼンスサーバは、クライアントから一定時間内、例えば x
秒以内にハートビートイベントを受信した場合、ユーザはオンラインとみな
されます。そうでなければ、オフラインです。

　図12-18では、クライアントは5秒ごとにサーバにハートビートイベントを

送信しています。ハートビートイベントを3つ送信した後、クライアントは切断され、x = 30秒以内には再接続されません（この数はロジックを示すために任意に選択されています）。そのオンラインステータスはオフラインに変更されるのです。

図 12-18

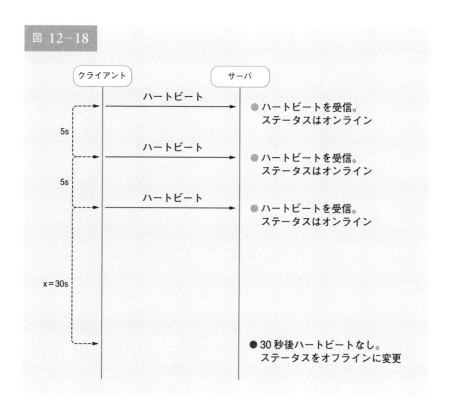

オンラインステータスの Fanout

　ユーザー A の友人は、どのようにしてステータスの変化を知ることができるのでしょうか。図12-19でその仕組みを説明します。プレゼンスサーバは、各友人ペアがチャネルを維持する Pub/Sub メッセージングモデルを使用します。ユーザー A のオンラインステータスが変更されると、チャネルA-B、チャネルA-C、チャネルA-D という 3 つのチャネルにイベントが公開され

ます。この3つのチャネルは、それぞれユーザー B、C、D によってサブス
クライブされています。そのため、友人がオンラインステータスのアップ
デートを取得するのは容易です。クライアント - サーバ間の通信は、リアル
タイムの WebSocket 接続を介して行われます。

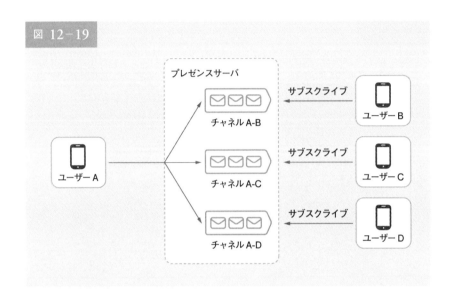

図 12-19

　上記の設計は、少人数のユーザーグループに対して有効です。例えば、
WeChat はユーザーグループの上限を500としているため、同じような方法
を採用しています。しかし、大規模なグループにおいては、すべてのメンバー
へのオンラインステータスの通知はコストと時間のかかる作業です。例えば、
あるグループに10万人のメンバーがいると仮定します。ステータスが変更さ
れるたびに、10万件のイベントが発生するのです。パフォーマンスのボトル
ネックを解決するには、ユーザーがグループに入ったとき、または友人リス
トを手動で更新したときにのみ、オンラインステータスを取得する方法が考
えられます。

　この章では、1対1のチャットと少人数のグループチャットの両方をサポートするチャットシステムのアーキテクチャを紹介しました。クライアント-サーバ間のリアルタイム通信には、WebSocket接続を使用します。チャットシステムには、リアルタイムメッセージング用のチャットサーバ、オンラインプレゼンスを管理するためのプレゼンスサーバ、プッシュ通知を送信するためのプッシュ通知サーバ、チャット履歴を保持するためのキーバリューストア、その他の機能用のAPIサーバといったコンポーネントが含まれます。

　インタビューの最後に時間が余ったときのために、追加の話題を以下にいくつか紹介します。

‣ チャットアプリを拡張して、写真やビデオなどのメディアファイルをサポートする。メディアファイルのサイズは、テキストよりもかなり大きい。通信、クラウドストレージ、サムネイルは、興味深いトピックである
‣ エンドツーエンドの暗号化。Whatsappはメッセージのエンドツーエンド暗号化をサポートしている。送信者と受信者のみがメッセージを読める。興味がある読者は、参考文献［9］を参照されたい
‣ クライアント側でメッセージをキャッシュすることは、クライアント-サーバ間のデータ転送を減らす上で有効である
‣ ロードタイムを改善する。Slackは地理的に分散したネットワークを構築し、ユーザーのデータやチャンネルなどをキャッシュしてロードタイムを改善している[10]
‣ エラーの処理
  • チャットサーバのエラー。チャットサーバには、何十万あるいはそれ以上の持続的な接続があるかもしれない。チャットサーバがオフラインになった場合、サービスディスカバリー(Zookeeper)は、クライアントが新しい接続を確立できるように新しいチャットサーバをプロビジョニングする

- メッセージ再送メカニズム。メッセージ再送の一般的な技術として、リトライとキューイングがある

ここまで来て、おめでとうございます。自身をほめてあげましょう。よくやったと。

参考文献

[1]　Erlang at Facebook: https://www.erlang-factory.com/upload/presentations/31/ EugeneLetuchy-ErlangatFacebook.pdf

[2]　Messenger and WhatsApp process 60 billion messages a day:

　　https://www.theverge.com/2016/4/12/11415198/facebook-messenger- whatsapp-number-messages-vs-sms-f8-2016

[3]　Long tail: https://en.wikipedia.org/wiki/Long_tail

[4]　The Underlying Technology of Messages:

　　https://www.facebook.com/notes/facebook-engineering/the-underlying-technology-of-messages/454991608919/

[5]　How Discord Stores Billions of Messages:

　　https://blog.discordapp.com/how-discord-stores-billions-of-messages- 7fa6ec7ee4c7

[6]　Announcing Snowflake:

　　https://blog.twitter.com/engineering/en_us/a/2010/announcing- snowflake.html

[7]　Apache ZooKeeper: https://zookeeper.apache.org/

[8]　From nothing: the evolution of WeChat background system (Article in Chinese):

　　https://www.infoq.cn/article/the-road-of-the-growth- weixin-background

[9]　End-to-end encryption: https://faq.whatsapp.com/en/android/28030015/

[10]　Flannel: An Application-Level Edge Cache to Make Slack Scale:

　　https://slack.engineering/flannel-an-application-level-edge-cache-to- make-slack-scale-b8a6400e2f6b

13 章 検索オートコンプリートシステムの設計

Googleで検索したり、Amazonで買い物をしたりするとき、検索ボックスに入力すると、検索語に一致するものが1つ以上表示されます。この機能は、オートコンプリート、タイプアヘッド、サーチアズユータイプ、またはインクリメンタルサーチと呼ばれます。図13-1は、Google検索で検索ボックスに"dinner"と入力したときに表示される、オートコンプリートの結果一覧の例です。検索のオートコンプリートは、多くの製品にとって重要な機能です。そのため、面接試験の質問では、「トップkの設計」や「最も検索されたクエリであるトップkの設計」とも呼ばれる、検索オートコンプリートシステムの設計が問われるのです。

図 13-1

問題を理解し、設計範囲を明確にする

　システム設計の面接問題に取り組む最初のステップは、要件を明確にするために十分に質問することです。以下は、候補者と面接官とのやりとりの例です。

候補者：マッチングは検索クエリの最初のみをサポートするのですか、それとも途中もサポートするのですか？

面接官：検索クエリの最初だけです。

候補者：いくつのオートコンプリート候補を返さなくてはなりませんか？

面接官：5つです。

候補者：どの5つの候補を返すのか、システムはどのように判断するのですか？

面接官：過去のクエリ頻度で決まる人気度によって判断します。

候補者：システムはスペルチェックをサポートしていますか？

面接官：いいえ、スペルチェックやオートコレクトはサポートされません。

候補者：検索クエリは英語ですか？

面接官：はい、そうです。最後に時間が許せば、多言語対応について議論しましょう。

候補者：大文字や特殊文字の使用は可能ですか？

面接官：いいえ、すべての検索クエリに小文字のアルファベットを想定しています。

候補者：何人くらいのユーザーが使うのですか？

面接官：1,000万 DAU です。

要求事項

　要求事項はおよそ以下の通りです。

・ **高速レスポンス**：ユーザーが検索クエリを入力すると、オートコンプリー

ト候補が十分な速さで表示される必要がある。Facebook のオートコンプリートシステムに関する記事 [1] によれば、システムは100ミリ秒以内に結果を返す必要があることがわかっている。そうでなければ、スムーズに言葉が出ない状況を引き起こすことになるからだ

‣ **関連性**：オートコンプリートの候補は、検索語に関連している必要がある
‣ **ソート**：システムが返す結果は、人気度や他のランキングモデルによってソートされる必要がある
‣ **スケーラブル**：大量のトラフィックを処理できるシステムである
‣ **高可用性**：システムの一部がオフラインになったり、速度が低下したり、予期せぬネットワークエラーが発生したりした場合でも、システムが利用可能であり、アクセス可能であり続ける

おおまかな見積もり

‣ 1,000万人のデイリーアクティブユーザー（DAU）がいると仮定する
‣ 平均的な人は1日に10回検索する
‣ 1つのクエリ文字列につき20バイトのデータ
  ● ASCII コードを使用すると仮定。1文字＝1バイト
  ● クエリには4つの単語が含まれ、各単語には平均して5文字が含まれると仮定
  ● つまり、1つのクエリあたり、4 x 5 = 20 バイトとなる
‣ 検索ボックスに文字が入力されるたびに、クライアントはオートコンプリート候補のリクエストをバックエンドに送る。平均して、各検索クエリに対して20リクエストが送信される。例えば、"dinner" と入力し終わるまでに、以下の6つのリクエストがバックエンドに送信される

search?q=d
search?q=di
search?q=din
search?q=dinn
search?q=dinne

search?q=dinner

- 1秒間に24,000クエリ（QPS）＝ 1,000万ユーザー×10クエリ ／ 1日×20キャラクター ／ 24時間 ／ 3,600秒
- ピーク時の QPS ＝ QPS ×2 ＝ 〜 48,000
- 1日のクエリのうち20% が新規クエリであると仮定する。1,000万×10クエリ ／ 日×20バイト ／ クエリ×20% ＝ 0.4GB。つまり、毎日0.4GB の新しいデータがストレージに追加されることになる

ステップ 2　高度な設計を提案し、賛同を得る

高度な設計では、システムを2つに分割します。

- **データ収集サービス**：ユーザーが入力した検索クエリを収集し、リアルタイムに集計する。リアルタイム処理は、大規模なデータセットでは現実的ではないが、出発点としては良い方法である。より現実的な解決策は、「設計の深堀り」で検討する
- **クエリサービス**：検索クエリや接頭辞を指定すると、よく検索される5つの単語を返す

データ収集サービス

　データ収集サービスがどのように機能するか、簡単な例で見てみましょう。図13-2に示されたように、クエリ文字列とその頻度を格納する頻度テーブルがあるとします。当初、頻度表は空です。その後、ユーザーは "twitch"、"twitter"、"twitter"、"twillo" と順次クエリを入力していきます。図13-2は頻度表がどのように更新されるかを示しています。

図 13-2

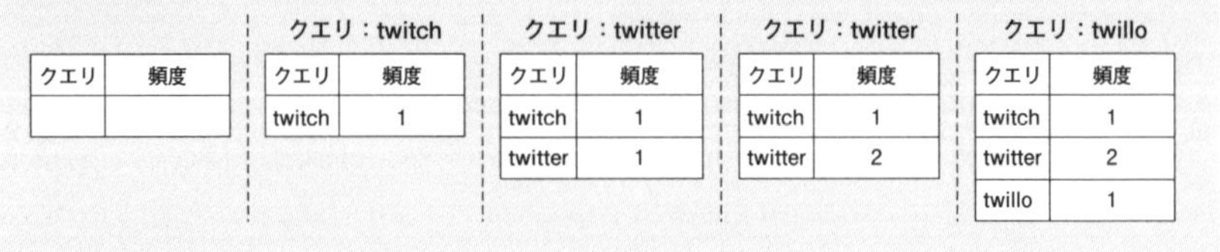

クエリ	頻度

クエリ：twitch

クエリ	頻度
twitch	1

クエリ：twitter

クエリ	頻度
twitch	1
twitter	1

クエリ：twitter

クエリ	頻度
twitch	1
twitter	2

クエリ：twillo

クエリ	頻度
twitch	1
twitter	2
twillo	1

クエリサービス

表13-1に示したように、頻度表があるとします。これには、以下の2つの
フィールドがあります。

‣ **クエリ**：クエリ文字列が格納される
‣ **頻度**：あるクエリが検索された回数を表す

表 13-1

クエリ	頻度	クエリ	頻度
twitter	35	twitch prime	18
twitch	29	twitter search	14
twilight	25	twillo	10
twin peak	21	twin peak sf	8

　ユーザーが検索ボックスに "tw" と入力すると、表13-1に基づく頻度表を
前提とした、以下の検索上位クエリが5つ表示されます（図13-3）。

図 13-3

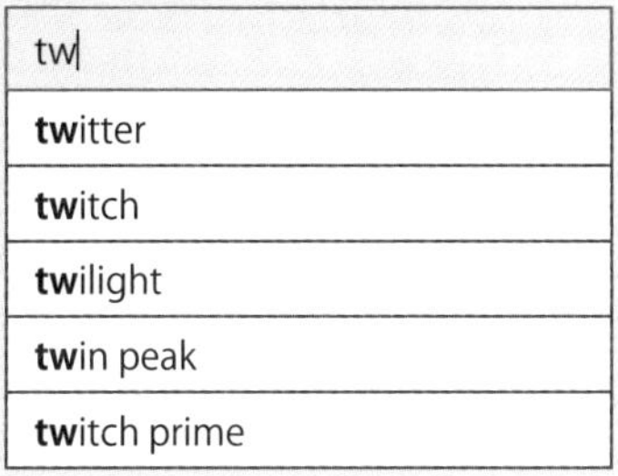

tw|
twitter
twitch
twilight
twin peak
twitch prime

よく検索されるクエリの上位5つを取得するには、以下の SQL クエリを実行します。

図 13-4

```
SELECT * FROM frequency_table
WHERE query Like `prefix%`
ORDER BY frequency DESC
LIMIT 5
```

これは、データセットが小さい場合には許容できる解決策です。データセットが大きくなると、データベースへのアクセスがボトルネックとなります。「設計の深堀り」で、最適化を検討しましょう。

ステップ
3　設計の深堀り

高度な設計では、データ収集サービスとクエリサービスについて説明しました。この設計は最適とは言えませんが、良い出発点にはなります。このセクションでは、いくつかの構成要素を深く掘り下げ、以下のように最適化を検討します。

- トライデータ構造
- データ収集サービス
- クエリサービス
- ストレージのスケールアップ
- トライオペレーション

トライデータ構造

　高度な設計では、ストレージにリレーショナルデータベースを使用します。しかし、リレーショナルデータベースから検索クエリのトップ5を取り出すのは非効率的です。この問題を解決するため、トライ（接頭辞木）というデータ構造を用います。トライデータ構造はシステムにとって重要であるため、カスタマイズされたトライの設計にかなりの時間を割く予定です。なお、アイデアの一部は参考文献 [2] [3] から引用しています。

　トライデータ構造の基本的な理解は、システム設計の面接試験には欠かせません。しかし、聞かれるのはシステム設計についての質問というより、データ構造についての質問です。また、多くのオンラインドキュメントで、この概念は説明されています。この章では、トライデータ構造の概要のみを説明し、基本的なトライをどのように最適化すればレスポンスが改善されるかに焦点を当てましょう。

　トライとは、文字列をコンパクトに格納できるツリー状のデータ構造です。名前の由来は「retrieval＝検索」で、文字列の検索操作のために設計されています。トライの主要な考え方は以下で構成されます。

- トライは木構造（tree-like data structure）である
- ルートは空文字列を表す
- 各ノードには文字が格納され、可能性のある文字ごとに1つずつ、計26の子を持つ。スペースを節約するため、空のリンクは描かない
- 各木のノードは、1つの単語または接頭辞文字列を表す

図13-5は、検索クエリ "tree"、"try"、"true"、"toy"、"wish"、"win" を含む
トライを示したものです。検索クエリは太い枠で強調されています。

図 13-5

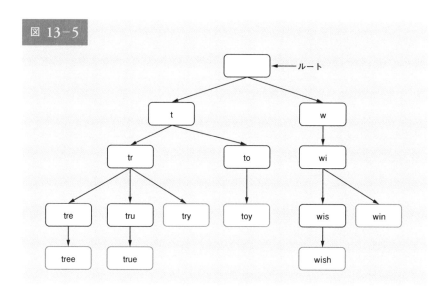

基本的なトライデータ構造は、ノードに文字を格納します。頻度による
ソートをサポートするため、頻度情報をノードに含める必要があるのです。
以下のような頻度表があるとしましょう。

表 13-2

クエリ	頻度	クエリ	頻度
tree	10	toy	14
try	29	wish	25
true	35	win	50

ノードに頻度情報を追加すると、図13-6に示すようなトライデータ構造に
更新されます。

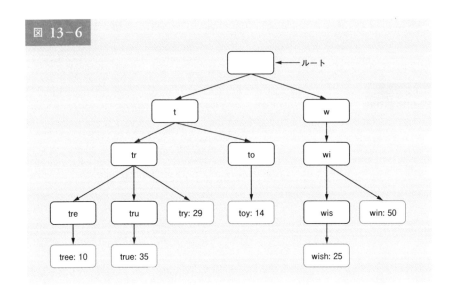

図 13-6

オートコンプリートは、トライにおいてどのように動作するのでしょう。アルゴリズムに入る前に、いくつかの用語を定義しておきます。

- p：接頭辞の長さ
- n：トライのノードの総数
- c：あるノードの子ノードの数

最も検索された上位 k 個のクエリを取得するための手順を以下に示します。

1. 接頭辞を見つける。時間計算量：$O(p)$
2. 接頭辞ノードからサブツリーを走査し、有効な子ノードをすべて取得する。子ノードが有効なクエリ文字列を形成できる場合、その子ノードは有効である。時間計算量：$O(c)$
3. 子をソートし、上位 k 位を取得する。時間計算量：$O(c \log c)$

図13-7に示す例を用いて、アルゴリズムを説明しましょう。k が2であり、

ユーザーが検索ボックスに "tr" と入力したと仮定すると、アルゴリズムは以下のように動作します。

‣ **ステップ1**：接頭辞ノード "tr" を見つける
‣ **ステップ2**：サブツリーを走査して、有効な子ノードをすべて取得する。この場合、[tree: 10]、[true: 35]、[try: 29] が有効である
‣ **ステップ3**：子ノードをソートし、上位2つを取得する。[true: 35] と [try: 29] が接頭辞 "tr" を持つ上位2つのクエリである

図 13-7

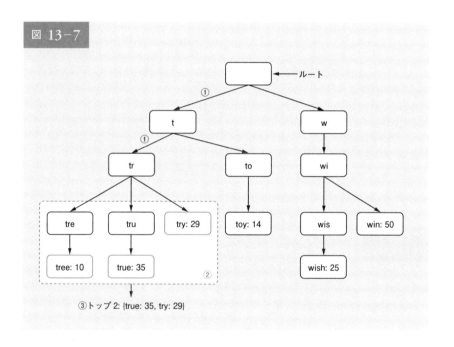

このアルゴリズムの時間計算量は、上記の各ステップに費やされる時間の合計、すなわち $O(p) + O(c) + O(clogc)$ です。

上記のアルゴリズムは簡単です。しかし、最悪の場合、上位 k 個の結果を得るためにトライ全体を走査する必要があるため、遅すぎるのです。以下に、2つの最適化策を紹介します。

1. 接頭辞の最大長を制限する
2. 各ノードで上位の検索クエリをキャッシュする

これらの最適化を1つずつ見ていきましょう。

接頭辞の最大長を制限する

ユーザーは長い検索クエリを検索ボックスに入力することはほとんどありません。したがって、p は50など、小さな整数値でよいでしょう。接頭辞の長さを制限すれば、「接頭辞を探す」ための時間計算量は、$O(p)$ から $O(small\ constant)$、別名 $O(1)$ に短縮できます。

各ノードで上位の検索クエリをキャッシュする

トライ全体を走査するのを避けるため、各ノードにおいて最もよく使われる上位 k 個の検索クエリを保存します。ユーザーは5〜10個のオートコンプリート候補で十分なので、k は比較的小さな数です。特定のケースでは、上位5つの検索クエリのみがキャッシュされます。

各ノードで上位の検索クエリをキャッシュすることで、上位5つのクエリを取得するための時間を大幅に短縮できます。しかし、各ノードで上位クエ

図 13-8

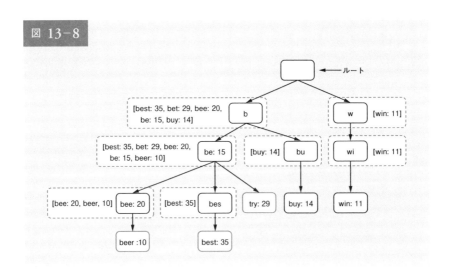

リを保存するため、多くのスペースが必要になります。高速レスポンスは非常に重要なため、スペースと時間を交換する価値は十分にあるでしょう。

図13-8は更新されたトライデータ構造を示しています。トップ5のクエリは各ノードに保存されています。例えば、接頭辞が "be" のノードには [best: 35, bet: 29, bee: 20, be: 15, beer: 10] が格納されているわけです。

これら2つの最適化を適用した後のアルゴリズムの時間計算量を再検討しましょう。

1. 前置ノードを見つける。時間計算量：$O(1)$
2. トップ5のクエリを返す。上位 k 個のクエリはキャッシュされるため、このステップの時間計算量は $O(1)$ である

各ステップの時間計算量は $O(1)$ に減少します。つまり、アルゴリズムは上位 k 個のクエリを捉えるのに $O(1)$ しかかからないのです。

データ収集サービス

従来の設計では、ユーザーが検索クエリを入力するたびに、データがリアルタイムに更新されていました。しかし、この方法は以下の2つの理由で、実用的ではありません。

▸ ユーザーは一日に何十億ものクエリを入力する可能性がある。クエリのたびにトライを更新すると、クエリサービスが著しく遅くなる
▸ トップサジェスチョンが一度構築されると、あまり変化しない可能性がある。そのため、トライを頻繁に更新する必要はない

スケーラブルなデータ収集サービスを設計するため、データがどこから来るのか、どのように使われるのかを検討します。Twitter のようなリアルタイムアプリケーションは、最新のオートコンプリート候補を必要とします。しかし、多くの Google キーワードのオートコンプリート候補は、日常的にはあまり変化しないかもしれません。

ユースケースの違いにもかかわらず、トライを構築するためのデータは通常、分析サービスやロギングサービスから得られるため、データ収集サービスの基本的な基盤は変わりません。

　図13-9は、再設計されたデータ収集サービスを示しています。各コンポーネントを1つずつ検証しましょう。

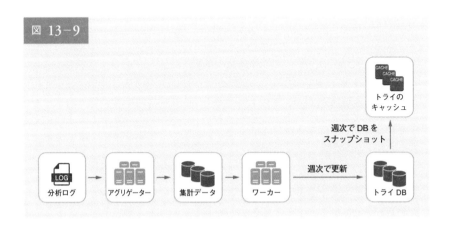

分析ログ：検索クエリに関する生データを保存している。ログは追記のみで、インデックスは作成されない。表13-3にログファイルの例を示す

クエリ	時間	クエリ	時間
tree	2019-10-01 22:01:01	toy	2019-10-01 22:02:22
try	2019-10-01 22:01:05	tree	2019-10-02 22:02:42
tree	2019-10-01 22:01:30	tree	2019-10-03 22:03:03

アグリゲーター：分析ログのサイズは通常、非常に大きく、データは適切な形式ではない。データを集約して、システムで簡単に処理できるようにする必要がある

ユースケースに応じて、異なる方法でデータを集計することもあります。Twitter のようなリアルタイムアプリケーションでは、リアルタイム結果が重要であるため、より短い時間間隔でデータを集計します。一方で、週1回など、あまり頻繁に集計しなくても、多くのケースでは十分です。面接試験を通じて、リアルタイムの結果が重要かを検証しましょう。ここでは、トライは毎週、再構築されると仮定します。

集計データ

表13-4は、週次データの集計例です。「時間」フィールドは週の開始時刻を表し、「頻度」フィールドは各週に対応するクエリ出現回数の合計です。

表 13-4

クエリ	時間	頻度
tree	2019-10-01	12000
tree	2019-10-08	15000
tree	2019-10-15	9000
toy	2019-10-01	8500
toy	2019-10-08	6256
toy	2019-10-15	8866

ワーカー：ワーカーは、一定の間隔で非同期ジョブを実行するサーバの集合体である。トライデータ構造を構築し、トライデータベースに保存する

トライのキャッシュ：トライのキャッシュは、トライを高速に読み出すためにメモリ上に保持する分散キャッシュシステムである。トライのキャッシュは、データベースのスナップショットを毎週取る

トライデータベース：トライデータベースは永続的なストレージである。データを保存するために2つのオプションが用意されている

1. ドキュメントストア：新しいトライは毎週構築されるので、定期的にスナップショットを取り、シリアライズし、シリアライズしたデータをデータベースに格納できる。MongoDB [4] のようなドキュメントストア

は、シリアライズされたデータには適している

2. キーバリューストア：トライは以下のような論理でハッシュテーブル形式 [4] で表現される

- トライの各プレフィックスは、ハッシュテーブルのキーに対応付けられる
- 各トライのノード上のデータは、ハッシュテーブルのバリューに対応付けられる

図13-10は、トライとハッシュテーブルの対応を示しています。

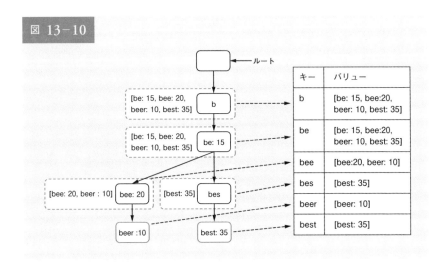

図 13-10

図13-10では、左側の各トライノードが右側の＜キー , バリュー＞ペアに対応付けられています。キーバリューストアがどのように機能するのかわからなければ、「6章 キーバリューストアの設計」を参照ください。

クエリサービス

高度な設計では、クエリサービスはデータベースを直接呼び出してトップ5の結果を捉えます。図13-11は、以前の設計が非効率的であったため、改善された設計を示しています。

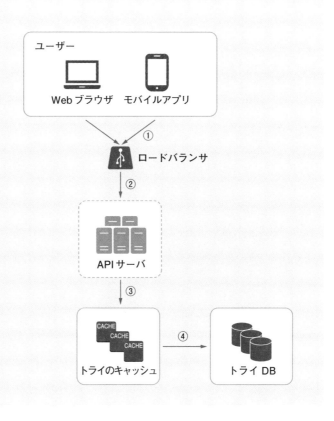

図 13-11

1. 検索クエリはロードバランサに送信される
2. ロードバランサはリクエストを API サーバにルーティングする
3. API サーバはトライキャッシュからトライデータを取得し、クライアントにオートコンプリートの候補を表示する
4. トライキャッシュにデータがない場合、データをキャッシュに補充する。このようにして、同じ接頭辞に対する以降のリクエストはすべてキャッシュから返される。キャッシュミスは、キャッシュサーバがメモリ不足またはオフラインの場合に発生する

クエリサービスには超高速性が求められます。そのため、以下の最適化を

提案しましょう。

- **AJAX リクエスト**：Web アプリケーションでは、ブラウザは通常、オートコンプリートの結果を取得するために AJAX リクエストを送信する。AJAX の主な利点は、リクエスト／レスポンスの送受信によって、Web ページ全体が更新されないことである
- **ブラウザのキャッシュ**：多くのアプリケーションでは、オートコンプリート検索候補は短時間であまり変化しないかもしれない。したがって、オートコンプリート候補をブラウザのキャッシュに保存して、その後のリクエストではキャッシュから直接結果を取得可能にできる。Google 検索エンジンも同じキャッシュ機構を使用している。図13-12に、Google の検索エンジンで「system design interview」と入力したときのレスポンスヘッダを示した。見てわかるように、Googleは結果を1時間ブラウザにキャッシュしている。ただし、キャッシュ制御の "private" は、結果が単一のユーザー向けであり、共有キャッシュによってキャッシュされてはならないことを意味する。"max-age=3600" は、キャッシュが3600秒間、つまり1時間有効であることに注意されたい

図 13-12

‣ **データのサンプリング**：大規模なシステムでは、すべての検索クエリをログに記録することは、多くの処理能力とストレージを必要とする。データのサンプリングは重要である。例えば、N 個のリクエストのうち1個だけがシステムによってログに記録される

トライの操作

トライはオートコンプリートシステムの中核となる構成要素です。ここでは、トライの操作（作成、更新、削除）がどのように行われるかを見てみましょう。

作成

トライは、集計されたデータを使ってワーカーが作成します。データソースは分析ログ DB です。

更新

トライの更新には、2つの方法があります。

オプション1：トライを毎週更新する。新しいトライが作成されると、古いトライは新しいトライに置き換わる

オプション2：個々のトライノードを直接更新する。この操作は遅いので避けるようにする。ただし、トライのサイズが小さい場合、許容できる。トライノードを更新する場合、ルートまでのすべての祖先を更新する必要がある。なぜなら、祖先には子のトップクエリが格納されているからだ。図13-13は、更新操作の動作例を示している。左側では、検索クエリ "beer" の元のバリューは10であり、右側では、30に更新されている。このように、このノードとその祖先は "beer" のバリューが30に更新されている

図 13-13

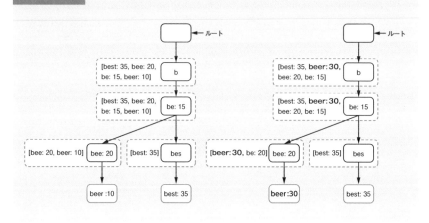

削除

憎しみに満ちた、暴力的な、性的に露骨な、あるいは危険なオートコンプリート候補は削除する必要があります。トライキャッシュの前にフィルター層（図13-14）を追加して、不要なサジェストをフィルターにかけます。フィルター層があることで、さまざまなフィルター規則に基づいて結果を柔軟に削除できます。不要なサジェストは非同期にデータベースから物理的に削除されるため、次の更新サイクルでは正しいデータセットがトライの構築に使用されるのです。

図 13-14

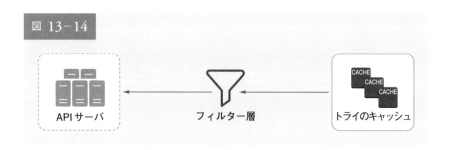

ストレージをスケーリングする

オートコンプリートクエリをユーザーに提供するシステムを開発したので、次はトライが大きくなりすぎて1台のサーバに収まらない場合のスケーラビリティの問題を解決する番です。

サポートされている言語は英語だけなので、最初の文字に基づいてシャードするのが単純な方法です。以下はその例となります。

- ストレージに2台のサーバが必要な場合、最初のサーバに 'a' から 'm' で始まるクエリを格納し、2番目のサーバに 'n' から 'z' を格納する
- 3台のサーバが必要な場合は、クエリを 'a' から 'i'、'j' から 'r'、's' から 'z' に分割する

英語にはアルファベット文字が26個あるので、26台のサーバにクエリを分割できます。ここで、1文字目を基準にした水平分割を第1階層水平分割と定義しましょう。26台以上のデータを格納する場合は、第2レベル、あるいは第3レベルで水平分割できます。例えば、'a' で始まるデータのクエリは、'aa-ag'、'ah-an'、'ao-au'、'av-az' という4つのサーバに分割できるわけです。

一見、この方法は合理的に思えますが、それも 'x' よりも 'c' で始まる単語の方が多いことに気づくまでです。これでは、分布に偏りが生じてしまうのです。

データの不均衡問題を軽減するため、図13-15のように、過去のデータ分散パターンを分析し、よりもスマートな水平分割のロジックを適用しましょう。シャードマップマネージャーは、行をどこに格納すべきかを特定するためのルックアップデータベースを保持しています。例えば、's' に対する履歴クエリと 'u'、'v'、'w'、'x'、'y'、'z' を合わせたものが同程度ある場合、's' 用と 'u' 〜 'z' 用という2つの水平分割を保持できるのです。

図 13-15

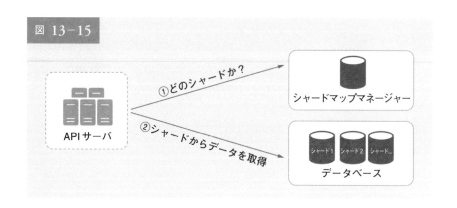

まとめ

　設計の深堀りを終えたら、面接官がいくつかフォローアップの質問をする
かもしれません。

面接官：多言語をサポートするため、どのように設計を拡張しますか？

　英語以外のクエリをサポートするには、トライノードに Unicode 文字を
格納します。Unicode に馴染みがなければ、「エンコーディングの標準は、
古今東西の文字体系に対応するすべての文字をカバーする」[5] が Unicode
の定義です。

面接官：ある国の検索クエリ上位が、他の国と異なる場合はどうしますか？

　この場合、国ごとに異なるトライを構築することになるでしょう。レスポ
ンスタイムを改善するには、トライを CDN に保存します。

面接官：トレンド（リアルタイム）検索クエリには、どのように対応しますか？

　あるニュースイベントが発生し、ある検索クエリが突然人気を博した場合

を想定しています。オリジナルの設計は、以下の理由でうまく機能しません。

- オフラインワーカーは、週単位でスケジューリングされているため、トライの更新がまだ行われていない
- たとえスケジューリングされていたとしても、トライを構築するのに時間がかかりすぎる

リアルタイム検索オートコンプリートの構築は複雑であり、本書の範囲を超えているため、アイデアのみをいくつか紹介します。

- 水平分割によって作業データセットを削減する
- ランキングモデルを変更し、最近の検索クエリに重きを置く
- データはストリームとして送られてくるので、一度にすべてのデータにアクセスできるわけではない。ストリーミングデータとは、データが連続的に生成されることを意味する。ストリーム処理には、異なるシステムのセットが必要である。Apache Hadoop MapReduce[6]、Apache Spark Streaming[7]、Apache Storm[8]、Apache Kafka[9] などだ。これらのトピックはすべて特定ドメインの知識を必要とするため、ここでは詳細を説明しない

ここまで来られた方、おめでとうございます。さあ、自分をほめてあげてください。よくやったと。

参 考 文 献

[1]　The Life of a Typeahead Query: https://www.facebook.com/notes/facebook-engineering/the-life-of-a-typeahead-query/389105248919/

[2]　How We Built Prefixy: A Scalable Prefix Search Service for Powering Autocomplete: https://medium.com/@prefixyteam/how-we-built-prefixy-a-scalable- prefix-search-service-for-powering-autocomplete-c20f98e2eff1

[3]　Prefix Hash Tree An Indexing Data Structure over Distributed Hash Tables: https://people.eecs.berkeley.edu/~sylvia/papers/pht.pdf

[4]　MongoDB wikipedia: https://en.wikipedia.org/wiki/MongoDB

[5]　Unicode frequently asked questions: https://www.unicode.org/faq/basic_q.html

[6]　Apache hadoop: https://hadoop.apache.org/

[7]　Spark streaming: https://spark.apache.org/streaming/ [8] Apache storm: https://storm.apache.org/

[9]　Apache kafka: https://kafka.apache.org/documentation/

14章 YouTube の設計

　この章では、YouTube の設計が求められます。この問いに対する解答は、Netflix や Hulu のような動画共有プラットフォームの設計など、他の面接試験における質問にも応用できます。図14-1に YouTube のトップページを示しましょう。

図 14-1

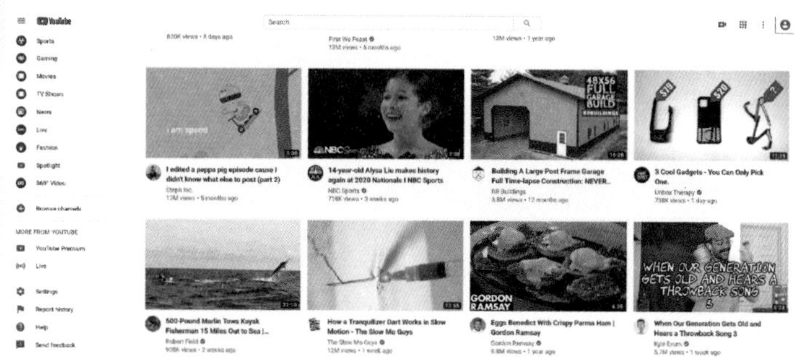

　YouTube は、コンテンツ制作者が動画をアップロードし、視聴者が再生ボタンをクリックするというシンプルな仕組みに見えます。本当にシンプルなのでしょうか。いいえ、そうでもありません。シンプルさの裏には、たくさんの複雑な技術が隠されているのです。2020年における YouTube の興味深い統計データや人口統計データ、そして楽しい真実を見てみましょう[1][2]。

- 月間アクティブユーザー総数：20億人
- 1日に視聴される動画の数：50億本
- 米国の成人の73%がYouTubeを利用
- YouTubeのクリエイターは5,000万人
- YouTubeの広告収入は2019年通年で151億ドル、2018年から36%増
- YouTubeはモバイルインターネットトラフィック全体の37%を占める
- YouTubeは80の言語で提供されている

　これらの統計データから、YouTubeが巨大であり、グローバルに展開し、多くのお金を稼いでいることがわかるでしょう。

ステップ 1　問題を理解し、設計範囲を明確にする

　図14-1に示すように、YouTubeでは、動画を見るだけでなく、さまざまなことができます。例えば、動画のコメント、共有、いいね！、動画のプレイリストへの保存、チャンネル登録などです。45分や60分の面接試験の中で、すべてを設計するのは不可能です。したがって、範囲を絞り込むための質問が重要となります。

候補者：どのような機能が重要ですか？
面接官：動画をアップロードし、動画を見る機能です。
候補者：どのようなクライアントに対応する必要がありますか？
面接官：モバイルアプリ、Webブラウザ、スマートテレビです。
候補者：デイリーアクティブユーザーは何人ですか？
面接官：500万人です。
候補者：1日の平均利用時間はどのくらいですか？
面接官：30分です。
候補者：海外ユーザーへの対応は必要でしょうか？
面接官：はい、ユーザーの多くは海外ユーザーです。
候補者：どのようなビデオ解像度に対応しますか？

面接官：ほとんどのビデオ解像度とフォーマットに対応します。

候補者：暗号化は必要ですか？

面接官：はい。

候補者：動画のファイルサイズに条件はありますか？

面接官：私たちのプラットフォームは、小中規模の動画に焦点を当てています。動画の最大サイズは1GB です。

候補者：Amazon や Google、Microsoft が提供する既存のクラウドインフラの利用は可能ですか？

面接官：それはいい質問ですね。すべてをゼロから構築することは、ほとんどの企業にとって非現実的です。既存クラウドサービスのいくつかの活用が推奨されます。

この章では、以下のような特徴を持つ動画ストリーミングサービスの設計に焦点を当てましょう。

‣ 高速動画アップロードが可能
‣ スムーズな動画配信
‣ 動画の品質を変更可能
‣ 低いインフラコスト
‣ 高い可用性、スケーラビリティ、および信頼性の要件
‣ 対応クライアント：モバイルアプリ、Web ブラウザ、スマートテレビ

おおまかな見積もり

以下の試算は多くの仮定に基づくため、面接官とコミュニケーションを取りながら確認することが重要です。

‣ デイリーアクティブユーザー（DAU）を500万人と仮定
‣ ユーザーは1日あたり5本の動画を視聴
‣ 10% のユーザーが1日1本の動画をアップロード
‣ 平均的な動画サイズは300MB と仮定

‣ 1日に必要な総ストレージ容量：500万 × 10% × 300MB = 150TB
‣ CDN コスト
  ● クラウド CDN が動画を配信する際、CDN から転送されるデータに対して課金
  ● Amazon の CDN CloudFront を使用してコストを試算（図14-2）[3]。トラフィックの100% が米国から提供されていると仮定すると、1GB あたりの平均コストは0.02ドル。簡略化のため、動画ストリーミングコストのみを計算
  ● 500万 × 5本の動画 × 0.3GB × 0.02ドル ＝ 1日あたり15万ドル

　大まかなコスト試算から、CDN から動画を配信するには多大のコストがかかるとわかります。大口顧客には、クラウド事業者が CDN コストを大幅に下げてくれるとはいえ、そのコストは相当なものです。CDN コストを削減する方法については、「設計の深堀り」で説明しましょう。

図 14-2

1月あたり	米国・カナダ	欧州・イスラエル	南アフリカ・ケニア・中東	南米
最初の10TB	$0.085	$0.085	$0.110	$0.110
次の40TB	$0.080	$0.080	$0.105	$0.105
次の100TB	$0.060	$0.060	$0.090	$0.090
次の350TB	$0.040	$0.040	$0.080	$0.080
次の524TB	$0.030	$0.030	$0.060	$0.060
次の4PB	$0.025	$0.025	$0.050	$0.050
5PB 以上	$0.020	$0.020	$0.040	$0.040

1月あたり	日本	オーストラリア	シンガポール・韓国・台湾・香港・フィリピン	インド
最初の10TB	$0.114	$0.114	$0.140	$0.170
次の40TB	$0.089	$0.098	$0.135	$0.130
次の100TB	$0.086	$0.094	$0.120	$0.110
次の350TB	$0.084	$0.092	$0.100	$0.100
次の524TB	$0.080	$0.090	$0.080	$0.100
次の4PB	$0.070	$0.085	$0.070	$0.100
5PB 以上	$0.060	$0.080	$0.060	$0.100

前述のように、面接官はすべてをゼロから構築するのではなく、既存のクラウドサービスを活用することを勧めています。CDN や Blob ストレージが、利用するクラウドサービスです。なぜ、すべてを自分たちで構築しないのかと疑問に思う読者もいるかもしれません。その理由は、以下の通りです。

‣ システム設計の面接試験は、ゼロからすべてを構築するためのものではない。限られた時間内で、正しく仕事をするために正しい技術を選択することは、その技術の仕組みを詳しく説明することよりも重要である。例えば、ソース動画を保存するための Blob ストレージについて言及するだけでも、面接では十分である。Blob ストレージの詳細設計について語るのは、やりすぎかもしれない

‣ スケーラブルな Blob ストレージや CDN の構築は、非常に複雑でコストがかかる。Netflix や Facebook のような大企業でさえ、すべてを自前で構築しているわけではない。Netflix は Amazon のクラウドサービスを利用し [4]、Facebook は Akamai の CDN を利用している [5]

図 14-3

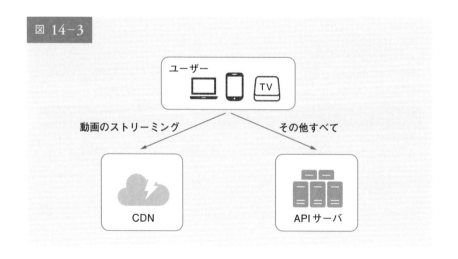

高度な設計において、システムは3つのコンポーネントで構成されています（図14-3）。

クライアント：PC、携帯電話、スマートテレビで YouTube を視聴できる
CDN：動画は CDN に保存される。再生ボタンを押すと、CDN から動画がストリーミング配信される
API サーバ：動画配信以外のすべては API サーバを経由する。フィードの推薦、動画アップロード URL の生成、メタデータのデータベースやキャッシュの更新、ユーザーのサインアップなど

　質疑応答では、面接官は以下の2つのフローに興味を示しました。

‣ 動画アップロードのフロー
‣ 動画ストリーミングのフロー

　それぞれについて、高度な設計を探っていきましょう。

動画アップロードの流れ

　図14-4に、動画アップロードの高度な設計を示します。

図 14-4

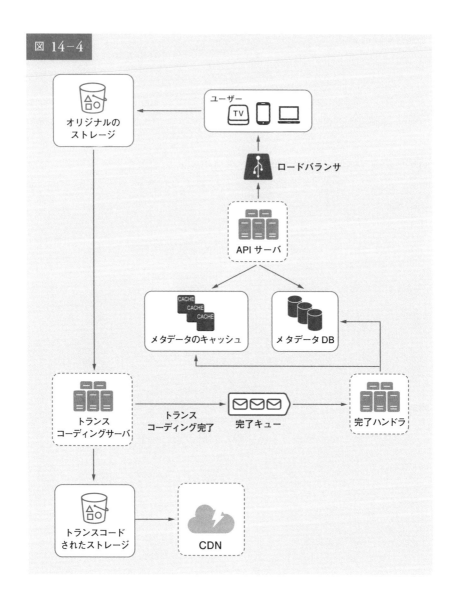

このシステムは、以下のコンポーネントで構成されます。

‣ **ユーザー**：PC、携帯電話、スマートテレビなどのデバイスで YouTube を
視聴するユーザー

- ▸ **ロードバランサ**：ロードバランサは、APIサーバ間でリクエストを均等に分散させる
- ▸ **APIサーバ**：動画配信以外のすべてのユーザーリクエストはAPIサーバを経由する
- ▸ **メタデータDB**：映像のメタデータはメタデータDBに格納される。パフォーマンスと高可用性を両立させるため、水平分割され、複製されている
- ▸ **メタデータのキャッシュ**：パフォーマンス向上のため、動画のメタデータとユーザーオブジェクトをキャッシュしている
- ▸ **オリジナルのストレージ**：オリジナル動画の保存には、Blobストレージシステムが使用される。WikipediaのBlobストレージに関する引用を見ると、「BLOB（Binary Large Object）とは、データベース管理システムにおいて単一のエンティティとして保存されるバイナリデータの集合体である」[6]と書かれている
- ▸ **トランスコーディングサーバ**：動画のトランスコーディングは、動画のエンコーディングとも呼ばれる。これは、動画フォーマットを他のフォーマット（MPEG、HLSなど）に変換するプロセスであり、異なるデバイスや帯域幅の能力に対して可能な限り最高の動画ストリームを提供する
- ▸ **トランスコードされたストレージ**：トランスコードされた動画ファイルを保存するBlobストレージである
- ▸ **CDN**：動画はCDNにキャッシュされる。再生ボタンをクリックすると、CDNから動画がストリーミング配信される
- ▸ **完了キュー**：動画のトランスコード完了イベントに関する情報を格納するメッセージキューである
- ▸ **完了ハンドラ**：完了キューからイベントデータを取得し、メタデータキャッシュとデータベースを更新するワーカーのリストで構成されている

各構成要素を個別に理解したところで、動画アップロードのフローがどのように機能するかを見てみましょう。このフローは、並行して実行される2つのプロセスに分解されます。

a. 実際の動画をアップロードする

b. 動画のメタデータを更新する。メタデータには、動画の URL、サイズ、解像度、フォーマット、ユーザー情報などの情報が含まれる

フロー a：実際の動画をアップロードする

図 14-5

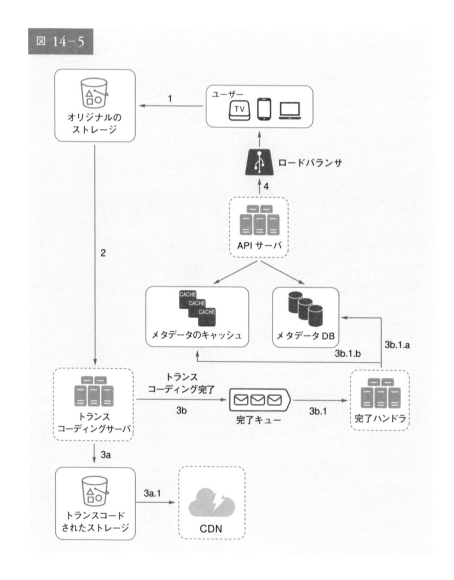

図14-5は、実際の動画をアップロードする方法を示しています。その説明は以下の通りです。

1. 動画はオリジナルストレージにアップロードされる
2. トランスコードサーバがオリジナルストレージから動画を取得し、トランスコーディングを開始する
3. トランスコーディングが完了すると、次の2ステップが並行して実行される

　3a. トランスコードされた動画は、トランスコードストレージに送信される

　3b. トランスコード完了イベントは、完了キューにキューイングされる

　　3a.1. トランスコードされた動画がCDNに配信される

　　3b.1. 完了ハンドラには、キューからイベントデータを継続的に取得するワーカーの束が含まれる

　　3b.1.a. と3b.1.b. の完了ハンドラは、動画のトランスコーディングが完了すると、メタデータデータベースとキャッシュを更新する

4. APIサーバは、動画のアップロードに成功し、ストリーミングできるようになったことをクライアントに通知する

フロー b ： メタデータを更新する

　図 14-6 に示すように、ファイルが元のストレージにアップロードされている間、並行してクライアントが動画メタデータの更新リクエストを送信します。このリクエストには、ファイル名、サイズ、フォーマットなどの動画メタデータが含まれます。APIサーバはメタデータのキャッシュとデータベースを更新するのです。

図 14-6

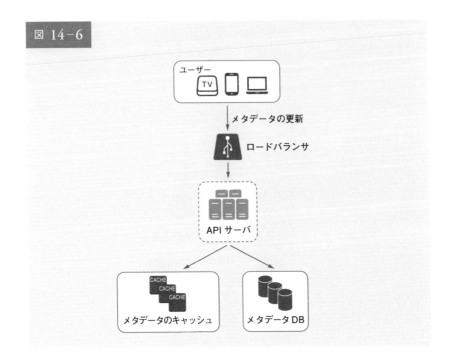

動画ストリーミングの流れ

　YouTube で動画を見るときは、通常、すぐにストリーミングが始まり、動画がすべてダウンロードされるまで待つことはありません。ダウンロードとはすべての動画がデバイスにコピーされることを、ストリーミングとはデバイスが遠隔地のソース動画から動画ストリームを継続的に受信することを意味します。ストリーミング動画を見るとき、クライアントは一度に少しずつデータをロードするため、すぐに継続的に動画を見られるのです。

　動画ストリーミングの流れを説明する前に、重要な概念であるストリーミングプロトコルを見てみましょう。これは、動画ストリーミングのデータ転送を制御する標準的な方法です。一般的なストリーミングプロトコルは以下の通りとなります。

‣ MPEG-DASH：MPEG は "Moving Picture Experts Group" の略で、

DASH は "Dynamic Adaptive Streaming over HTTP" の略である

‣ Apple HLS：HLS は、"HTTP Live Streaming " の略である

‣ Microsoft Smooth Streaming

‣ Adobe HTTP Dynamic Streaming (HDS)

　これらのストリーミングプロトコル名は、特定ドメインの知識を必要とする低レベルの詳細であるため、完全に理解する必要はありませんし、覚えておく必要もありません。重要なのは、ストリーミングプロトコルによって、サポートする動画エンコーディングや再生プレーヤーが異なることへの理解です。動画ストリーミングサービスを設計する場合、ユースケースをサポートする適切なストリーミングプロトコルを選択する必要があります。ストリーミングプロトコルの詳細については、参考文献［7］の記事を参照してください。

　動画は、CDN から直接ストリーミングされ、一番近いエッジサーバが映像を配信します。したがって、遅延はほとんどありません。図14-7は、動画ストリーミングサービスの高度な設計を示したものです。

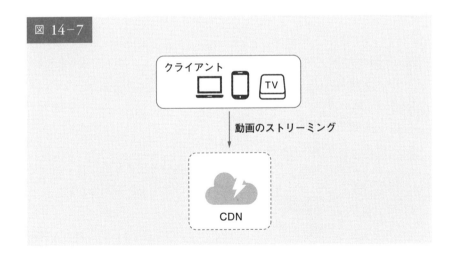

図 14-7

ステップ 3　設計の深堀り

　高度な設計では、システム全体が動画アップロードのフローと動画ストリーミングのフローの2つに分解されます。このセクションでは、重要な最適化によって両方のフローを改良し、エラーハンドリングメカニズムを導入します。

動画のトランスコーディング

　動画を録画する場合、デバイス（通常は電話やカメラ）は動画ファイルに特定フォーマットを与えます。他のデバイスで動画をスムーズに再生するには、動画を互換性のあるビットレートとフォーマットにエンコードする必要があるのです。ビットレートとは、ビットが時間と共に処理される割合です。一般にビットレートが高いほど、動画品質が高いことを意味します。高ビットレートのストリームには、より高い処理能力と高速インターネットが必要です。

　動画のトランスコーディングは、以下の理由で重要です。

- raw 動画は大量の記憶領域を消費する。60フレーム / 秒で記録された1時間の高解像度動画は、数百 GB の容量を消費することがある
- 多くのデバイスやブラウザは、特定の動画フォーマットしかサポートしていない。互換性を確保するため、さまざまなフォーマットに動画をエンコードすることが重要である
- スムーズな再生を維持しながら高品質の動画を視聴させるには、ネットワーク帯域幅が広いユーザーには高解像度の動画を、帯域幅が狭いユーザーには低解像度の動画を配信するとよい
- 特にモバイル端末では、ネットワークの状況が変化することがある。動画を継続的に再生するには、ネットワークの状況に応じて動画の品質を自動または手動で切り替えることが、スムーズなユーザー体験には欠かせない

エンコードのフォーマットはさまざまですが、その多くは2つの要素で構成されます。

- **コンテナ**：コンテナは映像ファイル、音声、メタデータを入れるカゴのようなもの。コンテナのフォーマットは、.avi、.mov、.mp4などのファイル拡張子によって識別可能
- **コーデック**：圧縮と解凍のアルゴリズムで、動画の品質を維持したままサイズを小さくすることを目的としている。最もよく使われる動画コーデックは、H.264、VP9、HEVC である

有向非巡回グラフ（DAG、Directed Acyclic Graph）モデル

動画のトランスコーディングは計算量が多く、時間がかかります。また、コンテンツ制作者によっては、映像処理に対する要求が異なることもあります。例えば、動画の上に透かしを入れる必要があるコンテンツ制作者、サムネイル画像自体を提供するコンテンツ制作者、高解像度の動画をアップロードするコンテンツ制作者もいれば、そうでないコンテンツ制作者もいます。

異なる動画処理ルートをサポートし、高い並列性を維持するには、あるレベルの抽象化を加え、クライアントのプログラマが実行するタスクを定義できるようにすることが重要です。たとえば、Facebook のストリーミング動画エンジンは、DAG プログラミングモデルを採用しており、段階的にタスクを定義することで、順次または並列で動画処理できるようになっています[8]。私たちの設計でも、同様の DAG モデルを採用し、柔軟性や並列性を実現しています。図14-8は、動画トランスコードの DAG を表しています。

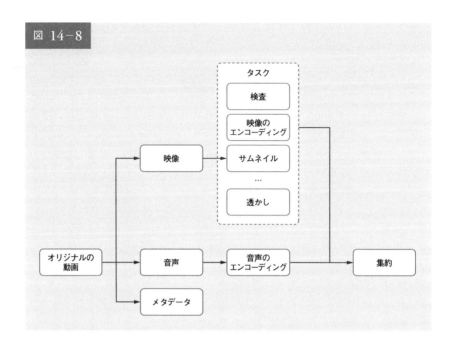

図 14-8

図14-8では、オリジナルの動画が映像、音声、メタデータに分割されています。以下は、映像ファイルに適用可能なタスクの一部です。

‣ **検査**：動画の品質が良く、不正でないことを確認する
‣ **映像のエンコーディング**：映像は、異なる解像度、コーデック、ビットレートなどをサポートするように変換される。図14-9は、映像エンコードファイルの例を示している
‣ **サムネイル**：サムネイルは、ユーザーによってアップロードされるか、システムによって自動的に生成されるかのいずれかである
‣ **透かし**：映像上に表示される画像で、映像の識別情報を含む

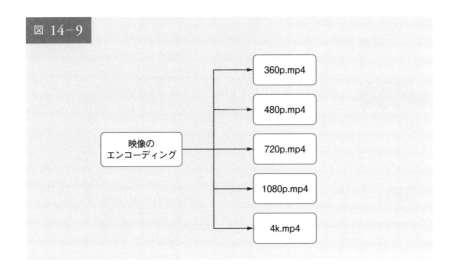
図 14-9

動画トランスコーディングのアーキテクチャ

図14-10に、クラウドサービスを活用した動画トランスコーディングの
アーキテクチャを提案しました。

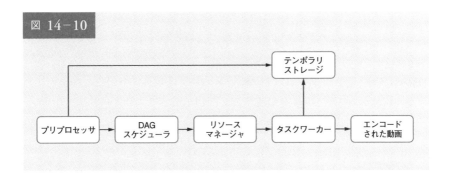
図 14-10

このアーキテクチャは、プリプロセッサ、DAGスケジューラ、リソース
マネージャ、タスクワーカー、テンポラリストレージ、出力であるエンコー
ドされた動画という6つの主要コンポーネントで構成されます。各コンポー
ネントを詳しく見ていきましょう。

プリプロセッサ

図 14-11

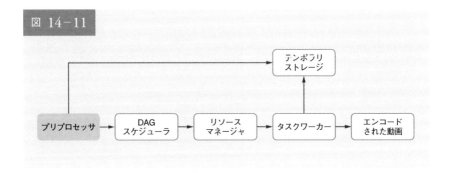

プリプロセッサは、4つの役割を担います。

1. **動画分割**：動画ストリームは、より小さな GOP（Group of Pictures）ア ライメントに分割またはさらに分割される。GOP は、特定の順序で配置 されたフレームのグループ／塊である。各チャンクは独立して再生可能な 単位であり、通常は数秒の長さである
2. 一部の古いモバイルデバイスやブラウザは、動画の分割をサポートしてい ない場合がある。プリプロセッサは、古いクライアントのために、GOP アライメントによって動画を分割する
3. **DAG 生成**：プロセッサは、クライアントのプログラマが記述した設定ファ イルに基づいて、DAG を生成する。図14-12は、2つのノードと1つのエッ ジを持つ簡略化された DAG 表現である

図 14-12

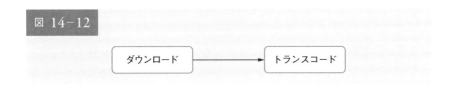

この DAG 表現は以下の2つの設定ファイルから生成されます（図14-13）。

図 14-13

```
● ● ●
task {
    name 'download-input'
    type 'Download'
    input {
        url config.url
    }
    output { it->
        context.inputVideo = it.file
    }
    next 'transcode'
}
```

```
● ● ●
task {
    name 'transcode'
    type 'Transcode'
    input {
        input context.inputVideo
        config config.transConfig
    }
    output { it->
        context.file = it.outputVideo
    }
}
```

出典：参考文献 [9]

4. **キャッシュデータ**：プリプロセッサは、セグメント化された動画のキャッシュである。信頼性を高めるため、プリプロセッサは GOP とメタデータを一時記憶している。動画エンコードに失敗した場合、システムは再試行のために永続化データを使用できるだろう

DAG スケジューラ

図 14-14

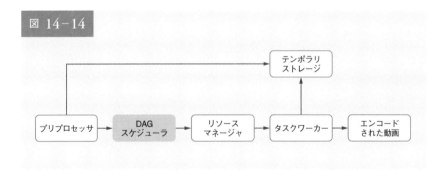

DAG スケジューラは、DAG グラフをタスクのステージに分割し、リソースマネージャ内のタスクキューに入れます。図14-15に DAG スケジューラの動作の例を示します。

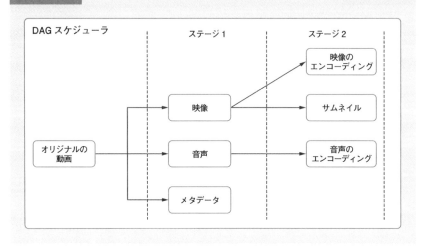

図 14-15

図14-15に示すように、元の動画は2つのステージで分割されます。すなわちステージ1では、映像、音声、メタデータに分割され、さらにステージ2では、映像ファイルが映像のエンコーディングとサムネイルという2つのタスクに分割されます。音声ファイルは、ステージ2のタスクの一部として、音声エンコーディングが必要となります。

リソースマネージャ

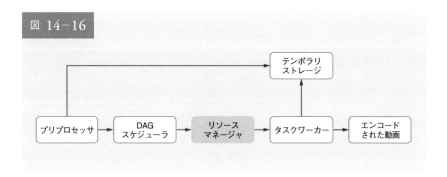

図 14-16

リソースマネージャは、リソース割り当ての効率性を管理する役割を担っており、図14-17に示すように、3つのキューとタスクスケジューラから構成されます。

‣ **タスクキュー**：実行すべきタスクが格納された優先度付きキューである
‣ **ワーカキュー**：ワーカーの利用状況を格納する優先度付きキューである
‣ **ランニングキュー**：現在実行中のタスクと、そのタスクを実行しているワーカーの情報が格納される
‣ **タスクスケジューラ**：最適なタスク／ワーカーを選択し、選択されたタスクワーカーにジョブの実行を指示する

図 14-17

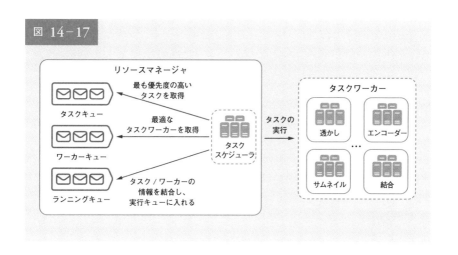

リソースマネージャは次のように動作します。

‣ タスクスケジューラは、タスクキューから最も優先度の高いタスクを取得する
‣ タスクスケジューラは、ワーカキューからそのタスクを実行する最適なタスクワーカーを取得する
‣ タスクスケジューラは、選択されたタスクワーカーにタスクの実行を指示する

- タスクスケジューラは、タスク / ワーカーの情報を結合し、ランニングキューに入れる
- タスクスケジューラは、ジョブが終了すると、そのジョブをランニングキューから削除する

タスクワーカー

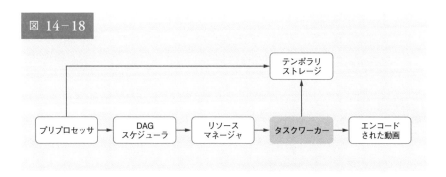

タスクワーカーは、DAGに定義されたタスクを実行します。図14-19に示すように、異なるタスクワーカーは異なるタスクを実行する可能性があります。

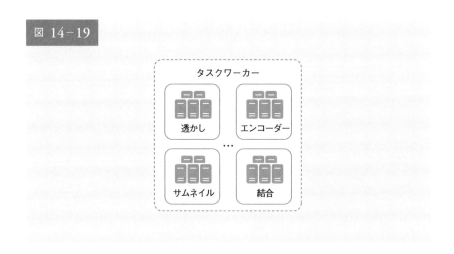

テンポラリストレージ

図 14-20

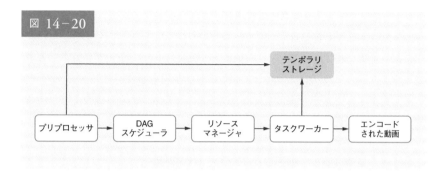

　ここでは、複数のストレージシステムが使用されます。ストレージシステムの選択は、データの種類、データサイズ、アクセス頻度、データ寿命などの要因に依存します。例えば、メタデータは一般に、作業者が頻繁にアクセスし、データサイズも小さくなります。したがって、メタデータをメモリにキャッシュするのは良いアイデアでしょう。映像や音声のデータについては、Blob ストレージに置きます。一時保存のデータは、対応する映像処理が完了した時点で解放されるのです。

エンコードされた動画

図 14-21

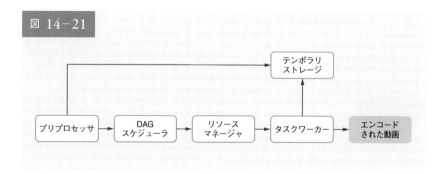

エンコードされた動画は、エンコードのルートの最終出力です。ここでは、出力例として **funny_720p.mp4** をあげておきます。

システムの最適化

ここまでで、動画アップロードの流れ、動画ストリーミングの流れ、動画のトランスコーディングについて理解できたと思います。次に、スピード、セキュリティ、コスト削減などの最適化によってシステムを改良していきます。

スピードの最適化：動画アップロードの並列化

1つの動画を1単位としてアップロードするのは非効率的です。図14-22に示すように、GOP アライメントによって、動画は小さな塊に分割できるからです。

図 14-22

これにより、アップロードが失敗した場合に、すぐにアップロードを再開できるようになります。動画ファイルを GOP で分割する作業は、図14-23に示すように、クライアント側で実装することによりアップロードのスピードを向上させられます。

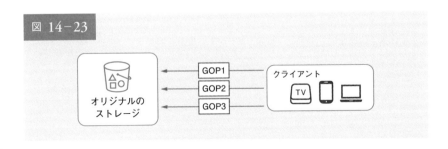

図 14-23

スピードの最適化：ユーザーの近くにアップロードセンターを配置

アップロードのスピードを向上させるもう1つの方法は、世界中に複数の
アップロードセンターを設置することです（図14-24）。米国人は北米のアッ
プロードセンターに、中国人はアジアのアップロードセンターに動画をアッ
プロードできるのです。これを実現するため、CDNをアップロードセンター
として利用しましょう。

図 14-24

- 北米アップロードセンター
- アジアアップロードセンター
- 欧州アップロードセンター
- 南米アップロードセンター

スピードの最適化：あらゆる場所で並列化

低遅延を実現するには、本格的な取り組みが必要です。疎結合のシステム
を構築し、高い並列性を実現することもまた、最適化の1つでしょう。

私たちの設計では、高い並列度を実現するためにいくつかの工夫が必要で
す。動画がオリジナルのストレージからCDNに転送されるフローを拡大し

て見てみましょう。図14-25に示すように、出力は前のステップの入力に依存することがわかります。この依存性が並列化を難しくしているのです。

図 14-25

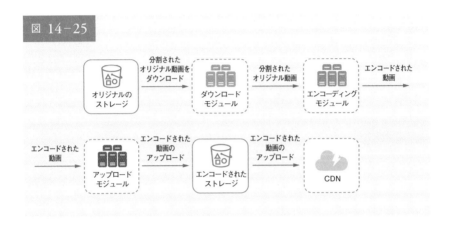

システムをより疎結合にするために、図14-26に示すようにメッセージキューを導入しました。メッセージキューがどのようにシステムを疎結合にするのか、例をあげて説明しましょう。

図 14-26

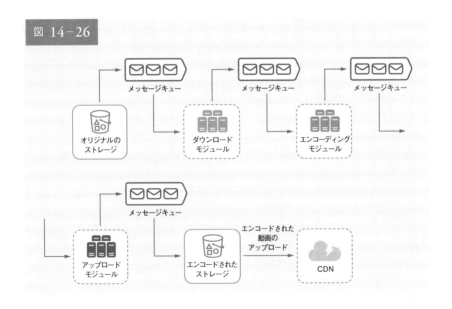

- メッセージキューを導入する前に、エンコーディングモジュールはダウンロードモジュールの出力を待つ必要がある
- メッセージキューが導入されると、エンコーディングモジュールはダウンロードモジュールの出力を待つ必要がなくなる。メッセージキューにイベントがあれば、エンコードモジュールはそれらのジョブを並列で実行できる

セキュリティの最適化：事前署名付きアップロードURL

セキュリティは、あらゆる製品において最も重要な側面の1つです。許可されたユーザーだけが正しい場所に動画をアップロードできるようにするため、図14-27に示すように事前署名付きURLを導入します。

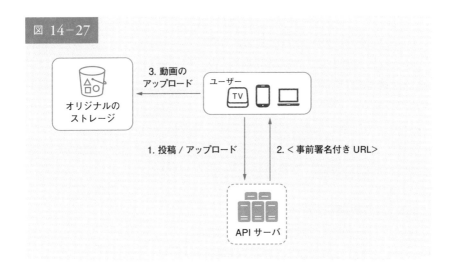

図 14-27

アップロードのフローは以下のように更新されます。

1. クライアントはAPIサーバにHTTPリクエストを行い、URLで特定されるオブジェクトへのアクセス許可を与える事前署名付きURL（Presigned URL）を取得する。事前署名付きURLという用語は、Amazon S3へのファイルのアップロードで使用される。他のクラウドサー

ビスプロバイダーは、別の名称を使用する場合がある。たとえば、Microsoft Azure の Blob ストレージは同じ機能をサポートしているが、これは「共有アクセス署名（Shared Access Signature、SAS）」と呼ばれる[10]

2. API サーバは、事前署名付き URL でレスポンスする
3. クライアントがレスポンスを受け取ると、事前署名付き URL を使用して、動画をアップロードする

セキュリティの最適化：動画の保護

多くのコンテンツ製作者は、オリジナル動画が盗用されるのを恐れて、動画をオンラインに投稿することに躊躇しています。著作権で守られた動画を保護するため、以下3つの安全対策のいずれかの採用が可能です。

- **デジタル著作権管理（DRM）システム**: Apple FairPlay、Google Widevine、Microsoft PlayReady の3つが主要な DRM システムである
- **AES 暗号化**：動画を暗号化し、暗号化ポリシーを設定できる。暗号化された動画は、再生時に復号化される。これにより、許可されたユーザーのみが暗号化された動画を視聴できる
- **視覚的な電子透かし**：電子透かしは、動画の識別情報を含む動画上の画像オーバーレイである。会社のロゴや社名などを入れられる

コスト削減の最適化

CDN は、システムの重要な構成要素であり、世界規模での高速な動画配信を実現します。しかし、計算上、CDN はコストが高く、特にデータサイズが大きい場合には、高いことがわかっています。どうすればコストを削減できるのでしょう。

これまでの研究から、YouTube の動画ストリーミングはロングテール分布に従うことがわかっています[11][12]。これは、少数の人気動画は頻繁にアクセスされるものの、他の多くの動画はほとんど、あるいはまったく視聴者がいないことを意味します。この観察に基づいて、いくつかの最適化を実施しましょう。

1. CDN から最も人気のある動画のみを配信し、その他の動画は大容量スト
   レージの動画サーバから配信する（図14-28）

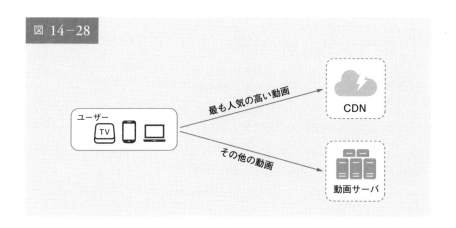

図 14−28

2. 人気のないコンテンツについては、エンコード済み動画のバージョンの多
   くを保存する必要がないこともある。短い動画はオンデマンドでエンコー
   ドできるからだ
3. 特定の地域でのみ人気のある動画がある。これらの動画を他の地域に配信
   する必要はない
4. Netflix のように自社で CDN を構築し、インターネットサービスプロバイ
   ダ（ISP）と提携する。CDN を構築するのは巨大プロジェクトだが、大
   規模なストリーミング配信企業にとっては意味のあることだろう。
   Comcast、AT&T、Verizon など、ISP は世界中にあり、ユーザーの近く
   に位置する。ISP と提携することで、視聴体験の向上と帯域幅コストの削
   減が可能になるのだ

　これらの最適化はすべて、コンテンツの人気度、ユーザーのアクセスパ
ターン、動画のサイズなどに基づいて行われます。最適化を行う前に、過去
の視聴パターンを分析することが重要です。このトピックに関する興味深い
記事をいくつか紹介します[12] [13]。

エラー処理

　大規模なシステムにおいて、システムエラーは避けられません。耐故障性の高いシステムを構築するには、エラーを優雅に処理し、すばやくリカバリする必要があります。エラーには2種類あります。

- **回復可能なエラー**：動画セグメントがトランスコードに失敗するなど、回復可能なエラーの場合、一般的な考え方は操作を数回再試行することである。タスクの失敗が続き、システムがリカバリ不能と判断した場合、クライアントに適切なエラーコードを返す
- **回復不能なエラー**：動画形式の不正など回復不能なエラーの場合、システムは動画に関連する実行中のタスクを停止し、クライアントに適切なエラーコードを返す

　各システム構成要素の典型的なエラーは、以下の作戦表でカバーされます。

- **アップロードのエラー**：数回再試行する
- **動画分割のエラー**：古いバージョンのクライアントでGOPアライメントによる動画を分割できない場合、動画全体がサーバに渡される。動画分割はサーバ側で行われる
- **トランスコーディングのエラー**：再試行する
- **プリプロセッサのエラー**：DAGダイアグラムを再生成する
- **DAGスケジューラのエラー**：タスクを再スケジュールする
- **リソースマネージャキューのダウン**：複製を使用する
- **タスクワーカーのダウン**：新しいワーカーでタスクを再試行する
- **APIサーバのダウン**：APIサーバはステートレスなので、リクエストは別のAPIサーバに誘導される
- **メタデータキャッシュサーバのダウン**：データは複数回複製される。1つのノードがダウンしても、他のノードにアクセスしてデータを取得できる。新しいキャッシュサーバを立ち上げて、落ちたキャッシュサーバの置

換え可能

‣ **メタデータ DB サーバのダウン**：

- マスターがダウン。マスターがダウンした場合、新しいマスターとして動作するようにスレーブのいずれかを昇格させる
- スレーブがダウン。スレーブがダウンした場合、読み取り用に別のスレーブを使用することで、ダウンしたスレーブの代わりに別のデータベースサーバを立ち上げられる

ステップ
4 まとめ

この章では、YouTube のような動画配信サービスの構造設計を紹介しました。インタビューの最後に時間が余ったときのために、追加のポイントをいくつか紹介しましょう。

‣ **API 層のスケーリング**：API サーバはステートレスなので、API 層を水平スケーリングするのは容易である
‣ **データベースのスケーリング**：データベースの複製や水平分割について会話可能である
‣ **ライブストリーミング**：動画を録画してリアルタイムで配信する方法。システムはライブストリーミングに特化して設計されていないが、ライブストリーミングと非ライブストリーミングは、アップロード、エンコード、ストリーミングを必要とするという点で共通点がある。顕著な違いは以下の通りである

- ライブストリーミングは、より高いレイテンシを必要とするため、異なるストリーミングプロトコルが必要になる場合がある
- ライブストリーミングは、小さなデータの塊がすでにリアルタイム処理されているため、並列処理に対する要求が低い
- ライブストリーミングは、異なるエラー処理を必要とする

‣ **動画の削除**：著作権、ポルノ、その他の違法行為に違反する動画は削除されるべきである。アップロードの過程でシステムが発見できるものもあれ

ば、ユーザーのフラグ立てによって発見される場合もある

　ここまで来られた方、おめでとうございます。さあ、自分をほめてあげて
ください。よくやったと。

参 考 文 献

[1] YouTube by the numbers: https://www.omnicoreagency.com/ youtube-statistics/

[2] 2019 YouTube Demographics: https://blog.hubspot.com/marketing/youtube-demographics

[3] Cloudfront Pricing: https://aws.amazon.com/cloudfront/pricing/

[4] Netflix on AWS: https://aws.amazon.com/solutions/case-studies/netflix/

[5] Akamai homepage: https://www.akamai.com/

[6] Binary large object: https://en.wikipedia.org/wiki/Binary_large_object

[7] Here's What You Need to Know About Streaming Protocols: https://www.dacast.com/blog/streaming-protocols/

[8] SVE: Distributed Video Processing at Facebook Scale: https://www.cs.princeton.edu/~wlloyd/papers/sve-sosp17.pdf

[9] Weibo video processing architecture (in Chinese): https://www.upyun.com/opentalk/399.html

[10] Delegate access with a shared access signature: https://docs.microsoft.com/en-us/rest/api/storageservices/delegate- access-with-shared-access-signature

[11] YouTube scalability talk by early YouTube employee: https://www.youtube.com/watch?v=w5WVu624fY8

[12] Understanding the characteristics of internet short video sharing: A youtube-based measurement study. https://arxiv.org/pdf/0707.3670.pdf

[13] Content Popularity for Open Connect: https://netflixtechblog.com/content-popularity-for-open-connect- b86d56f613b

14章 YouTubeの設計

295

15 章 Googleドライブの設計

　近年、Googleドライブ、Dropbox、Microsoft OneDrive、Apple iCloud など
のクラウドストレージサービスが人気を博しています。この章では、Google
ドライブを設計しましょう。

　設計に入る前に、Google ドライブについての理解を少し深めておきましょ
う。Google ドライブは、ドキュメント、写真、動画、その他のファイルを
クラウドに保存するためのファイルストレージおよび同期サービスです。ど
のコンピュータ、スマートフォン、タブレットからもファイルにアクセスで
きます。それらのファイルは、友人、家族、同僚と簡単に共有できます[1]。
図15-1と図15-2は、それぞれブラウザやモバイルアプリケーションにおいて
Google ドライブがどのように見えるかを示しています。

図 15-1

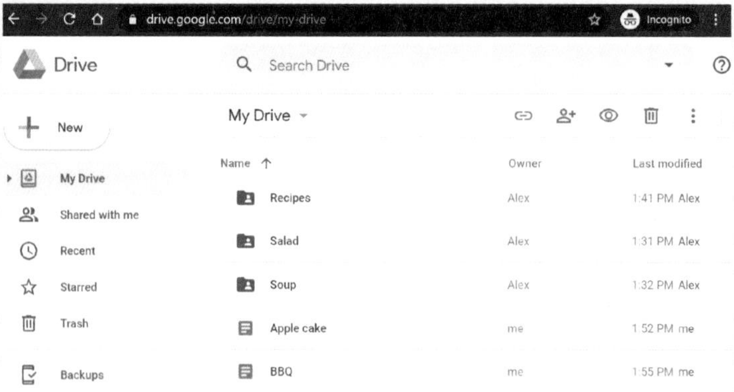

図 15-2

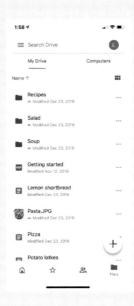

ステップ 1 問題を理解し、設計範囲を明確にする

　Googleドライブの設計は大きなプロジェクトなので、範囲を絞り込むための質問が重要です。

候補者：最も重要な機能は何ですか？
面接官：ファイルのアップロードとダウンロード、ファイルの同期、通知機能です。
候補者：これはモバイルアプリですか、Web アプリですか、それとも両方ですか？
面接官：両方です。
候補者：サポートしているファイル形式は何ですか？
面接官：あらゆるファイル形式です。

候補者：ファイルは暗号化される必要がありますか？

面接官：はい、ストレージ内のファイルは暗号化されている必要があります。

候補者：ファイルサイズに制限はありますか？

面接官：はい、ファイルは10GB以下である必要があります。

候補者：製品のユーザー数はどのくらいですか？

面接官：DAUが1,000万です。

この章では、以下の機能を中心に説明します。

‣ **ファイルの追加**：ファイルを追加する最も簡単な方法は、Googleドライブにファイルをドラッグ＆ドロップすることである
‣ **ファイルのダウンロード**
‣ **複数デバイス間でのファイルの同期**：あるデバイスにファイルを追加すると、他のデバイスにも自動的に同期される複数
‣ **ファイルのリビジョンの確認**
‣ **ファイルの友人、家族、同僚との共有**
‣ **ファイルの編集・削除・共有時における通知の送信**

この章で説明しない機能は以下の通りです。

‣ Google Docsの編集・共同作業。Google Docsでは、複数の人が同じドキュメントを同時に編集できる。これは設計の範囲外である

要件の明確化のほか、非機能要件の理解が重要です。

‣ **信頼性**：ストレージシステムにとって、信頼性は非常に重要である。データの損失は許されない
‣ **速い同期**：ファイル同期に時間がかかりすぎると、ユーザーはしびれを切らせてそのプロダクトを捨ててしまう
‣ **帯域幅の使用**：プロダクトが不必要に多くのネットワーク帯域幅を使用する場合、ユーザーは不満に思うだろう。特にモバイルデータプランを使用

している場合はなおさらである

- スケーラビリティ：大量のトラフィックを処理できるシステムでなければならない
- 高可用性：一部のサーバがオフラインになったり、速度が低下したり、予期せぬネットワークエラーが発生した場合でも、ユーザーはシステムを使用できる必要がある

おおまかな見積もり

- アプリケーションの登録ユーザー数が5,000万人、DAU が1,000万人と仮定する
- ユーザーには10GB の空き容量がある
- ユーザーは1日あたり2つのファイルをアップロードすると仮定する。平均ファイルサイズは500KB である
- 読込みと書込みの比率は1：1
- 割り当てられたスペースの合計：5,000万 × 10GB ＝ 500ペタバイト
- アップロード API の QPS：1,000万 × 2アップロード ／ 24時間 ／ 3,600秒 ＝ 〜 240
- ピーク時の QPS ＝ QPS × 2 ＝ 480

ステップ 2 高度な設計を提案し、賛同を得る

　最初から高度の設計図を示すのではなく、少し異なるアプローチを使いましょう。まずはシンプルに、1台のサーバにすべてを構築することから始めます。そして、徐々に規模を拡大し、数百万人のユーザーをサポートするようにするのです。この演習によって、本書で扱ういくつかの重要なトピックについて、記憶を呼び覚ませます。

　まずは、以下のような単一サーバのセットアップから始めましょう。

- ファイルのアップロードとダウンロードを行う Web サーバ

‣ ユーザーデータ、ログイン情報、ファイル情報などのメタデータを追跡するためのデータベース
‣ ファイルを保存するためのストレージシステム。ファイルを保存するために、1TBのストレージスペースを確保する

　Apache Webサーバ、MySqlデータベース、そしてアップロードファイルを保存するルートディレクトリとしてdrive/ディレクトリを数時間かけてセットアップします。drive/ディレクトリの下には、名前空間と呼ばれるディレクトリのリストがあります。各名前空間には、そのユーザーのアップロードファイルがすべて格納されます。サーバ上のファイル名は、元のファイル名と同じになります。各ファイルやフォルダは、名前空間と相対パスを結合することで一意に識別できるのです。
　図15-3の左側に/driveディレクトリの表示例を、右側に/driveディレクトリの展開表示例を示します。

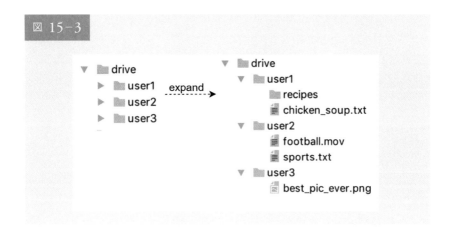

図 15-3

API

　APIはどのようなものでしょう。ここでは主に、ファイルのアップロード、ファイルのダウンロード、ファイルのリビジョン取得という3つのAPIが必要です。

1. Google ドライブへファイルをアップロード

2種類のアップロードに対応しています。

‣ シンプルアップロード：ファイルサイズが小さい場合は、このタイプを使用する
‣ **再開可能なアップロード**：ファイルサイズが大きく、ネットワークが遮断される可能性が高い場合、このアップロード形式を使用する

以下は、再開可能なアップロード API の例です。
https://api.example.com/files/upload?uploadType=resumable

パラメータ
‣ **アップロードの形式** ＝ 再開可なアップロード
‣ **データ**：アップロードされるローカルファイル

再開可能なアップロードは、以下の3つのステップで実現されます[2]。

‣ 再開可能な URL を取得するための最初のリクエストを送信する
‣ データをアップロードし、アップロードの状態を監視する
‣ アップロードが中断された場合、アップロードを再開する

2. Google ドライブからファイルをダウンロード

API の例：https://api.example.com/files/download

パラメータ
‣ **パス**：ダウンロードファイルのパス
Example params:
{
"path": "/recipes/soup/best_soup.txt"
}

3. ファイルのリビジョンを取得

API の例：https://api.example.com/files/list_revisions

パラメータ

‣ パス：リビジョン履歴を取得したいファイルへのパス

‣ リミット：返すリビジョンの最大数

Example params:

{

"path"："/recipes/soup/best_soup.txt"，

"limit"：20

}

すべての API は、ユーザー認証を必要とし、HTTPS を使用しています。SSL（Secure Sockets Layer）は、クライアント‐バックエンドサーバ間のデータ転送を保護します。

単一サーバからの移行

より多くのファイルがアップロードされると、最終的には図15-4に示すように容量一杯の警告が表示されます。

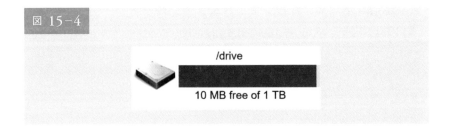

図 15−4

/drive

10 MB free of 1 TB

ストレージの空き容量が10MB しかないのは、ユーザーがファイルをアップロードできなくなる緊急事態です。最初に思いつく解決策は、データを水

平分割して、複数のストレージサーバに保存することです。図15-5は *user_id*
に基づいて水平分割を行った例です。

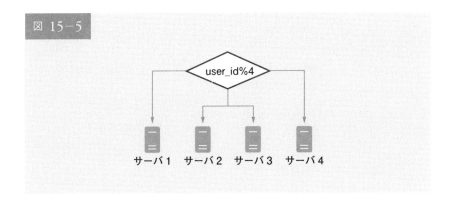

図 15−5

user_id%4

サーバ1　サーバ2　サーバ3　サーバ4

　徹夜でデータベースの水平分割をセットアップし、注意深く監視します。
すべてが再びスムーズに動作するようになりました。火は止めたものの、ス
トレージサーバが停止した場合の潜在的なデータ損失がまだ心配です。バッ
クエンドの第一人者である友人のフランクが、Netflix や Airbnb のような
大手事業者はストレージに Amazon S3を使用している、「Amazon Simple
Storage Service（Amazon S3）は、業界をリードするスケーラビリティ、デー
タ可用性、セキュリティ、パフォーマンス [3] を提供するオブジェクトスト
レージサービスです」と教えてくれました。そこで、このサービスが適して
いるかを調査することにしたのです。
　多くを調べて、S3ストレージシステムについてよく理解し、S3にファイ
ルを保存することに決めました。Amazon S3は、同一リージョンとクロス
リージョンにおける複製をサポートします。リージョンとは、Amazon
Web サービス（AWS）がデータセンターを持つ地理的なエリアです。図
15-6に示すように、データは同一リージョン（左側）とクロスリージョン（右
側）で複製できるのです。冗長化されたファイルを複数のリージョンに保存
することで、データ損失を防ぎ、可用性を確保します。バケットはファイル
システムでいうところのフォルダのようなものです。

図 15-6

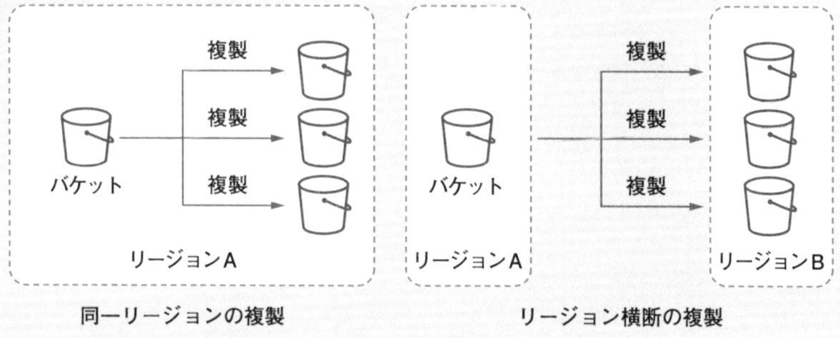

同一リージョンの複製　　　リージョン横断の複製

　S3にファイルを置いてから、ようやくデータ損失の心配をせずにぐっすり眠れるようになりました。今後、同じような問題が起こらないようにするため、改善できる点についてさらに調査することにしました。以下は、見つけたいくつかの領域です。

- **ロードバランサ**：ロードバランサを追加して、ネットワークトラフィックを分散させる。ロードバランサは、トラフィックを均等に分散し、Webサーバがダウンした場合、トラフィックを再分配できる
- **Webサーバ**：ロードバランサを追加した後、トラフィックの負荷に応じて、簡単にWebサーバを追加・削除できる
- **メタデータデータベース**：単一障害点を避けるために、データベースをサーバの外に移動する。一方、データの複製と水平分割を設定し、可用性とスケーラビリティの要件を満たす
- **ファイルストレージ**：ファイルストレージには、Amazon S3を使用する。可用性と耐久性を確保するため、ファイルは地理的に離れた2つの地域に複製される

　以上の改善により、Webサーバ、メタデータデータベース、ファイルストレージを1台のサーバから切り離すことに成功しました。更新された設計は図15-7に示す通りです。

図 15-7

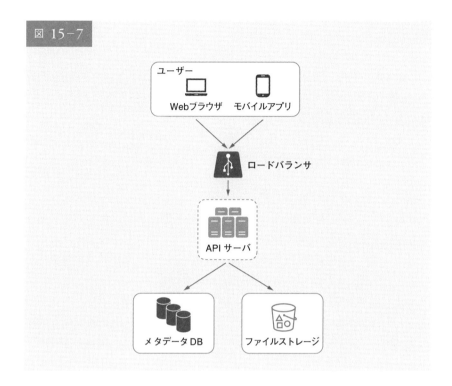

同期の競合

　Google ドライブのような大規模ストレージでは、同期の競合が時々発生します。2人のユーザーが同時に同じファイルやフォルダを変更すると、競合が起こるのです。競合はどのように解決すればいいのでしょう。ここでは、最初に処理されたバージョンが勝ち、後で処理されたバージョンが競合を受け入れるという戦略を採っています。図15-8に、同期競合の例を示します。

図 15-8

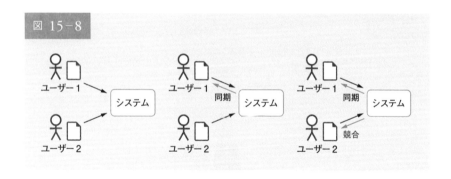

図15-8では、ユーザー 1とユーザー 2が同時に同じファイルを更新しよう
としていますが、ユーザー 1のファイルが先にシステムによって処理されま
す。ユーザー 1の更新操作は成功しましたが、ユーザー 2が同期の競合に陥
りました。どうすればユーザー 2の競合を解決できるのでしょう。このシス
テムは、同じファイルの両方のコピー、すなわちユーザー 2のローカルコ
ピーとサーバからの最新バージョンを提示します（図15-9）。ユーザー 2には、
両方のファイルをマージするか、一方のバージョンを他方のバージョンで上
書きするかという選択肢があります。

図 15-9

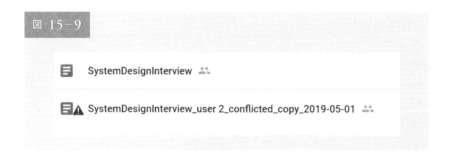

複数のユーザーが同じドキュメントを同時に編集している場合、文書の同
期を保つのは困難です。興味のある読者は、参考文献 [4][5] を参照して
ください。

高度な設計

　図15-10に、提案する高度な設計を示します。システムの各構成要素を見
ていきましょう。

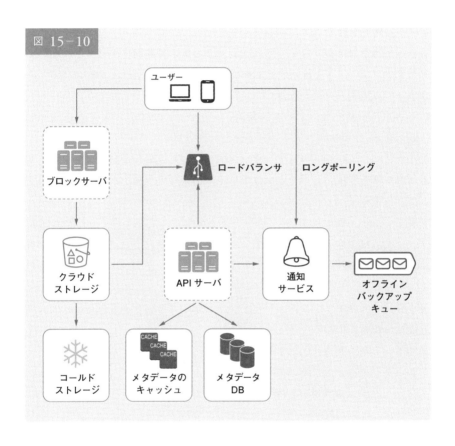

図 15-10

ユーザー
（PC / スマートフォン）

ブロックサーバ

ロードバランサ　　　ロングポーリング

クラウド
ストレージ

APIサーバ

通知
サービス

オフライン
バックアップ
キュー

コールド
ストレージ

メタデータの
キャッシュ

メタデータ
DB

ユーザー：ユーザーはブラウザまたはモバイルアプリでアプリケーションを
使用する
ブロックサーバ：ブロックサーバはブロックをクラウドストレージにアップ
ロードする。ブロックレベルストレージとも呼ばれるブロックストレージは、
クラウド環境上でデータファイルを保存する技術である。1つのファイルを
複数のブロックに分割し、それぞれに固有のハッシュ値を付けてメタデータ

データベースに格納できる。各ブロックは独立したオブジェクトとして扱われ、ストレージシステム（S3）に格納される。ファイルを再構成するには、ブロックを特定の順序で結合する。ブロックサイズについては、Dropboxを参考に、1ブロックの最大サイズを4MBに設定する [6]

クラウドストレージ：ファイルは小さなブロックに分割され、クラウドストレージに保存される

コールドストレージ：コールドストレージとは、長期間アクセスされない非アクティブなデータを保存するために設計されたコンピュータシステムである

ロードバランサ：ロードバランサは、APIサーバ間でリクエストを均等に分散させる

APIサーバ：APIサーバはアップロードのフロー以外のほぼすべてを担当する。ユーザー認証、ユーザープロファイルの管理、ファイルメタデータの更新などを担う

メタデータデータベース：メタデータデータベースは、ユーザー、ファイル、ブロック、バージョンなどのメタデータを保存する。なお、ファイルはクラウド上に保存され、メタデータデータベースにはメタデータのみが保存される

メタデータのキャッシュ：メタデータの一部がキャッシュされることで、高速な検索が可能になる

通知サービス：通知サービスは、特定のイベントが発生すると、通知サービスからクライアントにデータが転送されるようにするパブリッシャー／サブスクライバーシステム。この例では、あるファイルが他の場所に追加・編集・削除されると、通知サービスが関連するクライアントに通知し、最新の変更を取得できるようにする

オフラインバックアップキュー：クライアントがオフラインで最新のファイル変更を取得できない場合、オフラインバックアップキューが情報を保存し、クライアントがオンラインになったときに変更が同期されるようにする

　ここまで、Googleドライブの設計を大まかに説明しました。いくつかのコンポーネントは複雑であり、慎重に検討する必要があります。これらの詳

細について、設計の深堀りで議論しましょう。

<table>
<tr><td>ステップ
3</td><td>設計の深堀り</td></tr>
</table>

ここでは、ブロックサーバ、メタデータデータベース、アップロードの流れ、ダウンロードの流れ、通知サービス、保存領域、障害処理について、詳しく見ていきます。

ブロックサーバ

定期的に更新される大きなファイルでは、更新のたびにファイル全体を送信すると、多くの帯域幅を消費してしまいます。送信されるネットワークトラフィックの量を最小限に抑えるため、2つの最適化が提案されます。

▸ **デルタ同期**：ファイルが変更されると、同期アルゴリズムを使用して、ファイル全体ではなく、変更されたブロックだけが同期される [7] [8]。
▸ **圧縮**：ブロックに圧縮をかけると、データサイズを大幅に削減できる。そこで、ファイルの種類に応じた圧縮アルゴリズムを用いて、ブロックを圧縮する。例えば、テキストファイルの圧縮には gzip や bzip2が使用される。画像や動画の圧縮には、異なる圧縮アルゴリズムが必要である

本システムでは、ファイルのアップロードに必要な重い作業はブロックサーバが行います。ブロックサーバは、クライアントから渡されたファイルをブロックに分割し、各ブロックを圧縮して暗号化することで処理します。ファイル全体をストレージにアップロードするかわりに、変更したブロックのみを転送するのです。

図15-11は、新しいファイルが追加されたときのブロックサーバの動作を示しています。

図 15-11

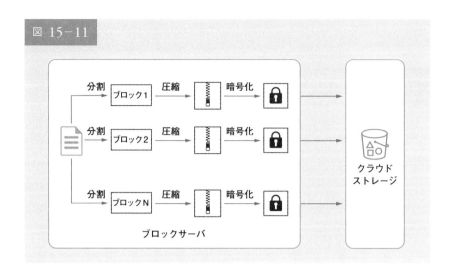

- ファイルはより小さなブロックに分割される
- 各ブロックは圧縮アルゴリズムで圧縮される
- セキュリティを確保するために、各ブロックはクラウドストレージに送信される前に暗号化される
- ブロックはクラウドストレージにアップロードされる

　図15-12はデルタ同期を示しています。つまり、変更されたブロックのみがクラウドストレージに転送されるのです。ハイライトされた「ブロック2」と「ブロック5」は、変更されたブロックを表しています。デルタ同期を使用すると、これら2つのブロックのみがクラウドストレージにアップロードされます。

　ブロックサーバは、デルタ同期と圧縮を提供することにより、ネットワークトラフィックの節約を可能にするのです。

高い一貫性の要求

　このシステムは、デフォルトで強力な一貫性を要求します。あるファイルが、異なるクライアントから同時に異なるように表示されることは受け入れ

図 15-12

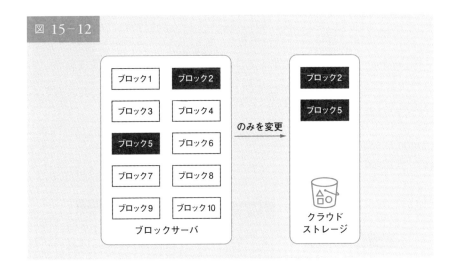

ブロックサーバ ／ のみを変更 → クラウドストレージ

られません。メタデータキャッシュとデータベース層に対して強い一貫性を提供する必要があるのです。

　メモリキャッシュはデフォルトで偶発的一貫性モデルを採用しているため、異なる複製は異なるデータを持つ可能性があります。強力な一貫性を実現するには、以下を保証する必要があるのです。

▸ キャッシュの複製データとマスターデータの整合性を確保する
▸ キャッシュとデータベースが同じ値を保持するように、データベースへの書込み時にキャッシュを無効化する

　リレーショナルデータベースでは、ACID（不可分性 = Atomicity、整合性 = Consistency、独立性 = Isolation、永続性 = Durability）特性を維持しているため、強力な一貫性の実現は容易です[9]。しかし、NoSQL データベースはデフォルトでは ACID プロパティをサポートしていません。そのため、同期ロジックに ACID 特性を組み込む必要があります。この設計では、元々 ACID をサポートしているリレーショナルデータベースを選択しました。

メタデータデータベース

　図15-13にデータベーススキーマの設計を示します。最も重要なテーブルと興味深いフィールドのみが含まれているため、この設計は非常に単純化されていることに注意してください。

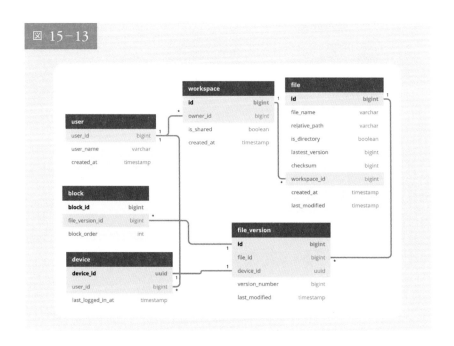

user：user テーブルには、ユーザー名、電子メール、プロフィール写真などといったユーザーに関する基本情報が含まれる

device：device テーブルには、デバイス情報が格納される。*Push_id* は、モバイルプッシュ通知の送受信に使用される。ユーザーは複数のデバイスを所有できることに注意されたい

name space：name space は、ユーザーのルートディレクトリである

file：file テーブルには、最新ファイルに関連するすべての情報が格納される

file_version：file_version には、ファイルのバージョン履歴が格納される。ファイルの改訂履歴の整合性を保つため、既存の行は読み取り専用である

block：blockには、ファイルブロックに関連するすべての情報が格納される。すべてのブロックを正しい順序で結合することにより、任意のバージョンのファイルを再構築できる

アップロードの流れ

　クライアントがファイルをアップロードするときに何が起こるかを説明しましょう。フローをよりよく理解するため、図15-14のようなシーケンス図を描きます。

図 15-14

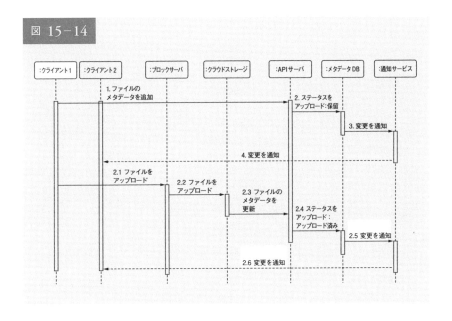

　図15-14では、2つのリクエストが並行して送信されています。すなわち、ファイルのメタデータを追加するリクエストと、ファイルをクラウドストレージにアップロードするリクエストです。どちらのリクエストもクライアント1から発信されています。

▸ ファイルのメタデータを追加
1. クライアント1は新しいファイルのメタデータを追加するリクエストを送信する
2. 新しいファイルのメタデータをメタデータ DB に格納し、ファイルのアップロードステータスを「保留」に変更する
3. 通知サービスへ新規ファイル追加を通知する
4. 通知サービスは、関連するクライアント（クライアント2）に対して、ファイルがアップロードされることを通知する

▸ クラウドストレージにファイルをアップロード
2.1 クライアント1がブロックサーバにファイルの内容をアップロードする
2.2 ブロックサーバは、ファイルをブロックに分割し、ブロックを圧縮、暗号化し、クラウドストレージにアップロードする
2.3 ファイルがアップロードされると、クラウドストレージがアップロード完了コールバックをトリガーする。そのリクエストは、API サーバに送信される
2.4 メタデータ DB のファイルステータスが「アップロード済み」に変更される
2.5 ファイルのステータスが「アップロード済み」に変更されたことを通知サービスへ通知する
2.6 通知サービスは、ファイルが完全にアップロードされたことを関連するクライアント（クライアント2）へ通知する

ファイルを編集する場合についても、同様のフローとなります。そのため、説明は省略します。

ダウンロードの流れ

ダウンロードの流れは、ファイルが他の場所に追加または編集されたときにトリガーされます。では、あるファイルが他のクライアントによって追加

または編集されたことを、クライアントはどのように知るのでしょう。

クライアントが知る方法は2つあります。

‣ クライアント A がオンラインのとき、他のクライアントによってファイルが変更された場合、通知サービスがクライアント A に、どこかで変更が行われたために最新データを取得する必要があることを知らせる
‣ 他のクライアントがファイルを変更している間にクライアント A がオフラインになった場合、データはキャッシュに保存される。オフラインのクライアントが再びオンラインになったとき、最新の変更内容を取り込む

クライアントはファイルの変更を知ると、まずAPIサーバ経由でメタデータをリクエストし、次にファイルを構築するためのブロックをダウンロードします。図15-15に詳細なフローを示します。スペースの関係上、最も重要なコンポーネントのみを図に示していることに注意してください。

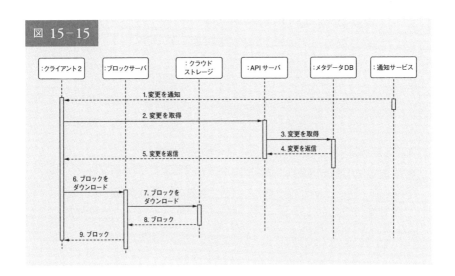

図 15-15

1. 通知サービスにより、クライアント2に他の場所でのファイル変更が通知される
2. クライアント2は、新しい更新が利用可能であると知り、メタデータを取

得するためのリクエストを送信する

3. API サーバはメタデータデータベースを呼び出して、変更点のメタデータを取得する

4. メタデータが API サーバに返される

5. クライアント2がメタデータを取得する

6. メタデータを受け取ったクライアントは、ブロックサーバにリクエストを送り、ブロックをダウンロードする

7. ブロックサーバは、まずクラウドストレージからブロックをダウンロードする

8. クラウドストレージからブロックサーバにブロックが返される

9. クライアント2が新しいブロックをすべてダウンロードし、ファイルを再構築する

通知サービス

ファイルの一貫性を保つ上では、ローカルでのファイルの突然変異は競合を減らすために他のクライアントに通知する必要があります。通知サービスは、この目的を達成するために構築されています。高度な設計では、イベントが発生したとき、通知サービスがデータのクライアントへの転送を可能にしています。ここでは、いくつかの選択肢を紹介しましょう。

‣ **ロングポーリング**：Dropbox はロングポーリングを使用している[10]
‣ **WebSocket**：WebSocket は、クライアント‐サーバ間の持続的な接続を提供する。通信は双方向である

どちらのオプションもうまく機能しますが、次の2つの理由からロングポーリングを選択します。

‣ 通知サービスの通信は双方向ではない。サーバはファイルの変更に関する情報をクライアントに送信するが、その逆はない
‣ WebSocket はチャットアプリのようなリアルタイムの双方向通信に向い

ている。Google ドライブの場合、通知はバーストすることなく、不定期
に送信される

ロングポーリングでは、各クライアントが通知サービスに対してロング
ポーリング接続を確立します。ファイルの変更が検出されると、クライアン
トはロングポーリング接続を閉じます。接続を閉じるということは、クライ
アントがメタデータ・サーバに接続して最新の変更をダウンロードする必要
があることを意味します。レスポンスを受信するか、接続タイムアウトに達
すると、クライアントは直ちに新しいリクエストを送信して、接続を開いた
ままにするのです。

ストレージ容量の節約

ファイルのバージョン履歴をサポートして信頼性を確保するため、同じ
ファイルの複数バージョンを複数のデータセンターで保存します。すべての
ファイルのリビジョンを頻繁にバックアップしていると、ストレージ容量が
すぐに一杯になってしまう可能性があります。そこで、ストレージのコスト
を削減するために、以下の3つの手法を提案します。

▸ データブロックの重複を排除する。アカウントレベルで冗長なブロックを
　削除することは、スペースを節約する簡単な方法である。同じハッシュ値
　を持つ場合、2つのブロックは同一である
▸ インテリジェントなデータバックアップ戦略を採用する。2つの最適化戦
　略が適用可能
　● 制限を設ける：保存するバージョン数の制限を設けられる。もし制限に
　　達したら、最も古いバージョンは新しいバージョンに置き換えられる
　● 貴重なバージョンのみを保存する：一部のファイルは、頻繁に編集され
　　るかもしれない。例えば、変更の多いドキュメントについてすべての
　　バージョンを保存すると、短期間に1,000回以上保存されることになり
　　かねない。不必要なコピーを避けるため、保存されるバージョンの数を
　　制限できる。ここでは、最近のバージョンに重きを置く。保存に最適な

バージョン数を把握するには、実験が有効である

‣ 使用頻度の低いデータをコールドストレージに移動させる。コールドデータとは、数カ月から数年間アクティブになっていないデータである。Amazon S3 Glacier [11] のようなコールドストレージは、S3よりはるかに安価である

障害の処理

大規模システムには障害発生の可能性があり、その障害に対応するための設計戦略を採用する必要があります。以下のようなシステム障害にどのように対処しているかを聞くことに、面接官は興味を持つかもしれません。

‣ **ロードバランサの障害**：ロードバランサに障害が発生した場合、セカンダリーがアクティブになり、トラフィックをピックアップする。ロードバランサは通常、ロードバランサ間で送信される定期的な信号のハートビートを使って互いを監視している。ロードバランサは、しばらくハートビートを送信しないと、障害が起きたとみなされる

‣ **ブロックサーバの障害**：ブロックサーバに障害が発生した場合、他のサーバが未完成または保留のジョブを引き取る

‣ **クラウドストレージの障害**：S3バケットは、異なる地域で複数回複製される。ある地域でファイルを利用できない場合、別の地域から取得可能である

‣ **API サーバの障害**：API サーバはステートレスサービスである。API サーバに障害が発生した場合、トラフィックはロードバランサによって他のAPI サーバにリダイレクトされる

‣ **メタデータキャッシュの障害**：メタデータキャッシュサーバは複数回複製される。1つのノードがダウンしても、他のノードにアクセスしてデータを取得できる。障害が発生したキャッシュサーバの代わりに、新しいキャッシュサーバを立ち上げるのだ

‣ **メタデータデータベースの障害**：
  ● マスターがダウン：マスターがダウンした場合、スレーブの1つを昇格させて新しいマスターとして動作させ、新しいスレーブノードを立ち上げる

- スレーブがダウン：スレーブがダウンした場合、読み取り操作のために別のスレーブを使用し、故障したものを置き換えるために別のデータベースサーバを持ってくることが可能である
- **通知サービスの障害**：すべてのオンラインユーザーは、通知サーバとのロングポーリング接続を保持する。したがって、各通知サーバは、多くのユーザーと接続されている。2012年の Dropbox の講演[6] によると、サーバ1台あたり100万以上の接続が開かれているそうだ。もしサーバがダウンしたら、すべてのロングポーリング接続が失われるため、クライアントは別のサーバに再接続しなければならない。1台のサーバが多くのオープンな接続を維持できても、失われた接続を1度にすべて再接続するのは不可能である。失われたすべてのクライアントとの再接続は、比較的遅いプロセスとなる
- **オフラインのバックアップキューの障害**：キューは複数回複製される。あるキューに障害が発生した場合、そのキューの消費者は、バックアップキューに再加入する必要があるかもしれない

ステップ 4　まとめ

　この章では、Google ドライブをサポートするシステムの設計を提案しました。強力な一貫性、低いネットワーク帯域幅、高速な同期の組み合わせが、この設計を興味深いものにしています。この設計には、ファイルのメタデータを管理するフローと、ファイルの同期を行うフローの2つがあります。通知サービスは、システムのもう1つの重要な構成要素です。これは、ロングポーリングを使用して、クライアントにファイルの変更に関する最新情報を提供します。

　他のシステム設計の面接試験の質問と同様に、完璧な解答は存在しません。どの企業にも独自の制約があり、その制約に合うようにシステムを設計しなければならないのです。設計と技術という選択のトレードオフを知ることは重要です。時間があれば、さまざまな設計の選択について会話できるでしょう。

例えば、ブロックサーバを経由せずに、クライアントから直接クラウドストレージにファイルをアップロードできます。この方法の利点は、ファイルがクラウドストレージに一度だけ転送されればよいので、ファイルアップロードが高速になることです。この設計では、ファイルはまずブロックサーバに転送され、その後、クラウドストレージに転送されます。ただし、この方法にはいくつかの欠点があります。

- まず、異なるプラットフォーム（iOS、Android、Web）で同じ分割、圧縮、暗号化ロジックを実装する必要がある。これはエラーが発生しやすく、多くのエンジニアリングの労力を必要とする。設計では、これらのロジックはすべてブロックサーバという一元的な場所に実装される
- 第2に、クライアントは容易にハッキングされたり操作されたりするため、クライアント側での暗号化ロジックの実装は望ましくはない

　もう1つの興味深い進展は、オンライン／オフラインのロジックを別のサービスに移行することです。これは、プレゼンスサービスと呼ばれます。プレゼンスサービスを通知サーバの外に出すことで、オンライン／オフラインの機能を他のサービスで容易に統合できます。

　ここまで来られた方、おめでとうございます。さあ、自分をほめてあげてください。よくやったと。

参 考 文 献

[1] Google Drive: https://www.google.com/drive/

[2] Upload file data: https://developers.google.com/drive/api/v2/manage-uploads

[3] Amazon S3: https://aws.amazon.com/s3

[4] Differential Synchronization https://neil.fraser.name/writing/sync/

[5] Differential Synchronization YouTube talk: https://www.youtube.com/watch?v=S2Hp_1jqpY8

[6] How We've Scaled Dropbox: https://youtu.be/PE4gwstWhmc

[7] Tridgell, A., & Mackerras, P. (1996). The rsync algorithm.

[8] Librsync. (n.d.). Retrieved April 18, 2015, from https://github.com/librsync/librsync

[9] ACID: https://en.wikipedia.org/wiki/ACID

[10] Dropbox security white paper: https://www.dropbox.com/static/business/resources/Security_Whitepaper.pdf

[11] Amazon S3 Glacier: https://aws.amazon.com/glacier/faqs/

16章 学習は続く

良いシステムを設計するには、何年もかけて知識を蓄積する必要があります。1つの近道は、現実世界のシステムの構造に飛び込むことです。以下に、役立つ読み物を一通り示します。共有された原則と基礎となる技術の両方に注目することを強くお勧めします。それぞれの技術を研究し、どのような問題を解決しているのかを理解することは、基礎知識を強化し、設計プロセスを洗練させる上で素晴らしい方法なのです。

現実世界のシステム

以下の読み物は、さまざまな企業の背後にある、現実世界のシステムの構造における一般的な設計思想を理解するのに役立ちます。

- Facebook のタイムライン：Brought To You By The Power Of Denormalization（非正規化の力によって届けられる）：https://goo.gl/FCNrbm
- Facebook におけるスケーリング：https://goo.gl/NGTdCs
- タイムラインの構築：あなたのライフストーリーを保持するためにスケールアップする：https://goo.gl/8p5wDV
- Facebook における Erlang（Facebook チャット）：https://goo.gl/zSLHrj
- Facebook のチャット：https://goo.gl/qzSiWC
- 干し草の山から針を見つける：Facebook の写真ストレージ：https://goo.gl/edj4FL
- Facebook のマルチフィードサービス：再設計による効率化とパフォーマ

ンス向上：https://goo.gl/adFVMQ
- Facebook における Memcache のスケール：https://goo.gl/rZiAhX
- TAO：ソーシャルグラフのための Facebook の分散型データストア：https://goo.gl/Tk1DyH
- Amazon のアーキテクチャ：https://goo.gl/k4feoW
- Dynamo：Amazon の高可用性キーバリューストア：https://goo.gl/C7zxDL
- Netflix のスタック全体を360度見渡す：https://goo.gl/rYSDTz
- A/B テストのすべて：Netflix の実験用プラットフォーム：https://goo.gl/agbA4K
- Netflix のレコメンド：5つ星を越えて（その1）：https://goo.gl/A4FkYi
- Netflix のレコメンド：5つ星を越えて（その2）：https://goo.gl/XNPMXm
- Google のアーキテクチャ：https://goo.gl/dvkDiY
- Google のファイルシステム（Google Docs）：https://goo.gl/xj5n9R
- 差分同期（Google Docs）：https://goo.gl/9zqG7x
- YouTube のアーキテクチャ：https://goo.gl/mCPRUF
- スケーラビリティに関するシアトル会議：YouTube のスケーラビリティ：https://goo.gl/dH3zYq
- ビッグテーブル：構造化データのための分散ストレージシステム：https://goo.gl/6NaZca
- Instagram のアーキテクチャ：1400万ユーザ、テラバイトの写真、数百のインスタンス、数十の技術：https://goo.gl/s1VcW5
- Twitter が1億5000万人のアクティブユーザーを処理するために使用するアーキテクチャ：https://goo.gl/EwvfRd
- Twitter のスケーリング：Twitter を1万パーセント高速化する：https://goo.gl/nYGC1k
- Snowflake の発表（Snowflake は、いくつかの簡単な保証によりユニーク ID を大規模に生成するネットワークサービス）：https://goo.gl/GzVWYm
- スケーリングに関するタイムライン：https://goo.gl/8KbqTy

- Uber はどのようにリアルタイムマーケットプラットフォームをスケーリングしているのか：https://goo.gl/kGZuVy
- Pinterest のスケーリング：https://goo.gl/KtmjW3
- Pinterest のアーキテクチャの更新：https://goo.gl/w6rRsf
- LinkedIn のスケーリングに関する小史：https://goo.gl/8A1Pi8
- Flickr のアーキテクチャ：https://goo.gl/dWtgYa
- Dropbox をどのようにスケーリングしてきたか：https://goo.gl/NjBDtC
- Facebook が190億ドルで買収した WhatsApp のアーキテクチャ：https://bit.ly/2AHJnFn

企業のエンジニアブログ

　企業の面接を受けるなら、その企業のエンジニアブログを読んで、そこで採用・導入されている技術やシステムに精通するのは良いアイデアです。また、エンジニアのブログは、特定分野に関する貴重な洞察を与えてくれます。定期的に読むことで、より良いエンジニアになれるかもしれません。

　ここでは、有名な大企業やスタートアップのエンジニアブログのリストを紹介します。

- Airbnb：https://medium.com/airbnb-engineering
- Amazon：https://developer.amazon.com/blogs
- Asana：https://blog.asana.com/category/eng
- Atlassian：https://developer.atlassian.com/blog
- Bittorrent：http://engineering.bittorrent.com
- Cloudera：https://blog.cloudera.com
- Docker：https://blog.docker.com
- Dropbox：https://blogs.dropbox.com/tech
- eBay：http://www.ebaytechblog.com
- Facebook：https://code.facebook.com/posts
- GitHub：https://githubengineering.com

- Google：https://developers.googleblog.com
- Groupon：https://engineering.groupon.com
- Highscalability：http://highscalability.com
- Instacart：https://tech.instacart.com
- Instagram：https://engineering.instagram.com
- Linkedin：https://engineering.linkedin.com/blog
- Mixpanel：https://mixpanel.com/blog
- Netflix：https://medium.com/netflix-techblog
- Nextdoor：https://engblog.nextdoor.com
- PayPal：https://www.paypal-engineering.com
- Pinterest：https://engineering.pinterest.com
- Quora：https://engineering.quora.com
- Reddit：https://redditblog.com
- Salesforce：https://developer.salesforce.com/blogs/engineering
- Shopify：https://engineering.shopify.com
- Slack：https://slack.engineering
- Soundcloud：https://developers.soundcloud.com/blog
- Spotify：https://labs.spotify.com
- Square：https://stripe.com/blog/engineering
- Stripe：https://developer.squareup.com/blog/
- System design primer：https://github.com/donnemartin/system-design-primer
- Twitter：https://blog.twitter.com/engineering/en_us.html
- Thumbtack：https://www.thumbtack.com/engineering
- Uber：http://eng.uber.com
- Yahoo：https://yahooeng.tumblr.com
- Yelp：https://engineeringblog.yelp.com
- Zoom：https://medium.com/zoom-developer-blog

おわりに

　おめでとうございます。あなたは、本書の最後にいます。システムを設計するためのスキルと知識を蓄積してきたのです。誰もが、あなたが学んできたことを学ぶ上での規律を持っているわけではありません。少し時間をとって、自分をほめてあげてください。あなたの努力は必ず報われるでしょう。

　夢の仕事に就くまでの道程は長く、多くの時間と努力が必要です。練習あるのみです。幸運を祈ります。

　本書を購入し、読んでいただき、ありがとうございます。あなたのような読者がいなければ、私たちの仕事は成り立ちません。本書を楽しんでいただけたなら幸いです。

　もしよろしければ、Amazon で本書のレビューをお願いします。

http://bit.ly/ sysreview8

　あなたのような素晴らしい読者をもっと引きつけられるはずです。

メーリングリストに参加する

　システム設計の面接試験について、10問以上の実践的な質問が完成に近づきつつあります。新たな章が入手可能になったときに通知を受けたければ、メーリングリストに登録してください。

http://bit.ly/systemmail

コミュニティーに参加する

　会員制の Discord グループを作りました。このグループは、以下のトピックに関するディスカッションのために設計されています。

・システム設計の基礎
・設計図を披露して、フィードバックを取得
・模擬面接の仲間を発見
・コミュニティメンバーとの一般的なチャット

　以下のリンクをクリックするか、バーコードをスキャンして、コミュニティに参加し、自己紹介してください。

http://bit.ly/systemdiscord

著者

アレックス・シュウ　Alex Xu

アレックスは、経験豊富なソフトウェアエンジニアであり、起業家である。
Twitter、Apple、Zynga、Oracle で働く。カーネギーメロン大学にて修士号を取得。
複雑なシステムの設計と実装に情熱を持っている。
詳細については、systemdesigninsider@gmail.com まで。

訳者

イノウ

様々な業界の「わかりにくいこと」を、調査と取材、その分析によって、文章
と図とイラスト、そしてウェブを使って「わかりやすく」解説。
http://www.iknow.ne.jp

■企画・編集　　　　　イノウ　http://www.iknow.ne.jp/
■カバーデザイン　　　小口 翔平＋後藤 司（tobufune）
■版面デザイン　　　　二ノ宮 匡（nixinc）
■DTP・図版作成　　　西嶋 正

システム設計の面接試験

2023 年　4 月　5 日　初版第 1 刷発行

著　者　　アレックス・シュウ
訳　者　　イノウ
発行人　　片柳 秀夫
発行所　　ソシム株式会社
　　　　　https://www.socym.co.jp/
　　　　　〒 101-0064 東京都千代田区神田猿楽町 1-5-15　猿楽町 SS ビル
　　　　　TEL　03-5217-2400　(代表)
　　　　　FAX　03-5217-2420
印刷・製本 中央精版印刷株式会社

定価はカバーに表示してあります。
落丁・乱丁は弊社編集部までお送りください。送料弊社負担にてお取り替えいたします。
ISBN978-4-8026-1406-1
©2023　Xingxing Xu
Printed in JAPAN